小学校6年間の算数をあそびながらマスター!!

りんご塾代表
田邉 亨

実務教育出版

本書を手にしてくださったお母さん、お父さんへ

「没頭は最高の学び」。それが、私の20年以上に渡る「パズルで思考力を育む」指導経験から確信したことです。ご存じの通り、幼児や小学生が自発的に将来のことを考えて勉強することはまずありません。それでいいのです。彼らは本能的に「知りたいから興味を持ち、面白いから学ぶ」のです。

しかし、ここ日本では本能は、ときに制約を受けます。人は、自分にとって理不尽な状況に長く置かれるとその状況を疑います。ですから、お子さんから勉強の意味を問われたなら、その状況は「異常」だと考えなくてはいけません。それは、自分の本能が拒否することを押しつけられていることにほかならないからです。

マジメな親ほど「この子の将来のために」と、テストで1点でも高い点を取らせようとします。そしてささいなミスを責め、他人と比較します。繰り返しますが、子どもに「なんで勉強しなくちゃいけないの？」と言わせたら負けなのです。幸せな状況にいる時、人は人生の意味を問いません。「自分がなぜこのような状況にあるのか」などと疑問に思ったりしません。

親ができるのは､環境を与え､見守ることだけ。このドリルも一つの「環境」です。その子が夢中になって取り組むなら、それが人間本来の姿です。環境が正しいかどうかは、テストの点数ではなく子どもの姿が教えてくれます。

私たちが子どもに望むのは、より幸せに生きること。幸せに生きる力は、能動的な「学び」からしか身につきません。このドリルが、お子さん（とあなた、あなたの親御さんまでも）が人生100年時代をより幸せに生きることの一助になれば、これほど嬉しいことはありません。

田邉 亨

この本を手にしたキミへ

キミは、パズルが好きかな？　もしそうなら、なにも言うことはない。好きなだけ、ごはんを一回抜いても平気なくらいこの本にハマってほしい。そのうちパズルはもちろん、ますます算数や考えることが得意になって、いつのまにかその道の「プロ」になれちゃうかもしれない。だから、安心して自分の「好き」を突きつめてほしい。

でも、もしかしたら、パズルがニガテな子もいるかもしれないね。そんなキミでも、安心してほしい。僕ができるだけわかりやすく解説した、パズルのとき方の動画も用意している。動画はYouTubeで見られるから、何度でも見てとき方を考えてみてほしい（動画の見かたは8ページにあるよ）。

一つだけ言えるのは、「この本は絶対にキミを裏切らない」ということ。本ごとにレベル分けはしてあるけれど、どの問題も「楽勝」じゃない。ときにはあきらめそうになるかもしれない。でも、うんうん頭をひねって考えた経験は、間違いなくキミの宝ものになる。だから、考えることに疲れたら、好きなことで遊んだり、この本の中のパンダみたいにダラーッとしたり、おいしいおやつを食べてからまたこの本に戻ってきてもらえたらうれしいな。

いつかキミからこの本の感想を聞かせてもらえるのを、楽しみにしています。

田邉 亨

この本の使いかた

単元ごとに「HOP」「STEP」「JUMP」の3つでできているよ。

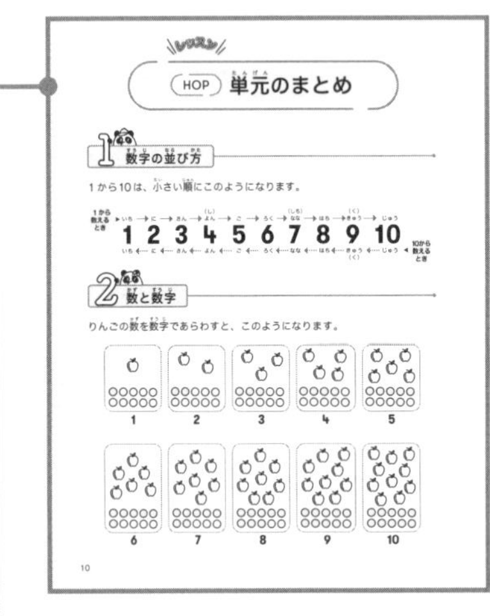

レッスン

HOP 単元のまとめ

1 数字の並び方

1から10は、小さい順にこのようになります。

1から数えるとき　1 2 3 4 5 6 7 8 9 10　10から数えるとき

2 数と数字

りんごの数を数字であらわすと、このようになります。

1　2　3　4　5

6　7　8　9　10

10

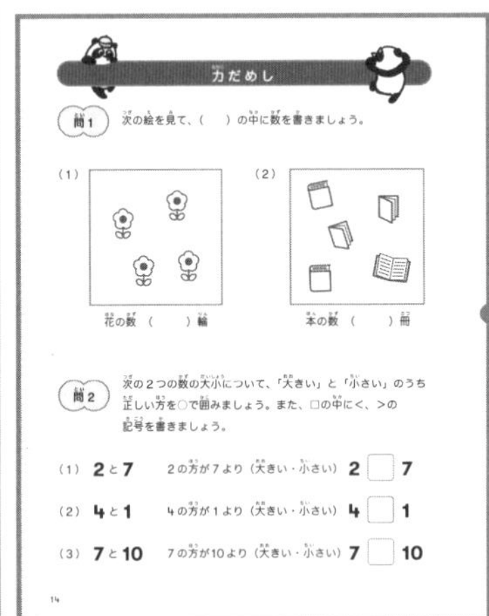

力だめし

問1　次の絵を見て、（　）の中に数を書きましょう。

（1）　（2）

花の数（　）輪　本の数（　）冊

問2　次の2つの数の大小について、「大きい」と「小さい」のうち正しい方を○で囲みましょう。また、□の中に<、>の記号を書きましょう。

（1）2と7　2の方が7より（大きい・小さい）2 □ 7

（2）4と1　4の方が1より（大きい・小さい）4 □ 1

（3）7と10　7の方が10より（大きい・小さい）7 □ 10

14

HOP …単元のまとめレッスン

「算数はあんまり得意じゃない…」とか「パズルに慣れてない…」という子は、ここから始めてみて！途中の「力だめし」をクリアしたら、いよいよパズルにチャレンジだ！

「算数は得意」または「パズルを解くのが好き」という子は、ここを飛ばしていきなりパズルから始めてもらって大丈夫。思う存分「パズル沼」にハマってね！

STEP …単元のポイントをつめこんだパズル（基本）

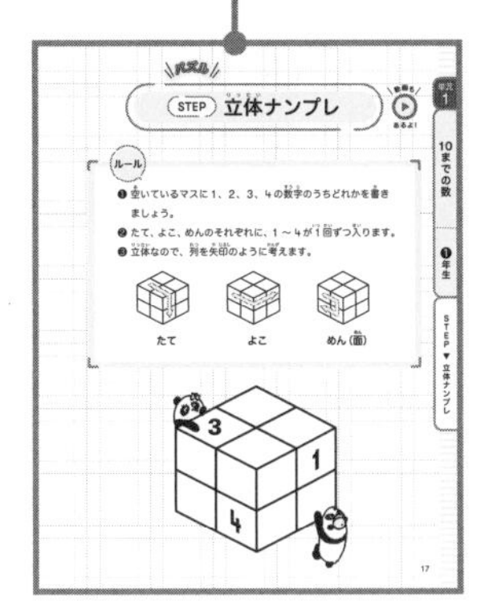

各単元の要素を使って解く基本的なパズルだよ。制限時間はないから、ルールをよく読んで、じっくり考えながら解いていこう。

STEPパズルの全部に解説動画があるから、YouTubeから見てみてね（見かたは8ページ）。「少しむずかしいかも？」というパズルでも、この動画を見れば何倍も早く理解できるよ！

JUMP …単元のポイントをつめこんだパズル（応用）

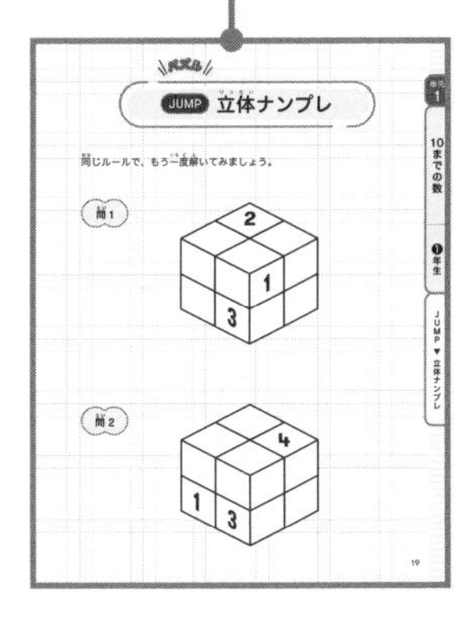

各単元の要素を使って解く応用的なパズルだよ。これが解けたら、この単元の成績も爆上がりしてるはず。

STEPよりも少しレベルUPしてるから時間はかかるかもしれないけど、STEPが解けたキミならきっとクリアできるはず。目指せ、パズルの天才！

この本にいろいろ出てくる双子のパンダ

サンサン（♂）
だらっとするのが大好き。
名前は中国語で数字の「３」。
特技は食べることとサボること。

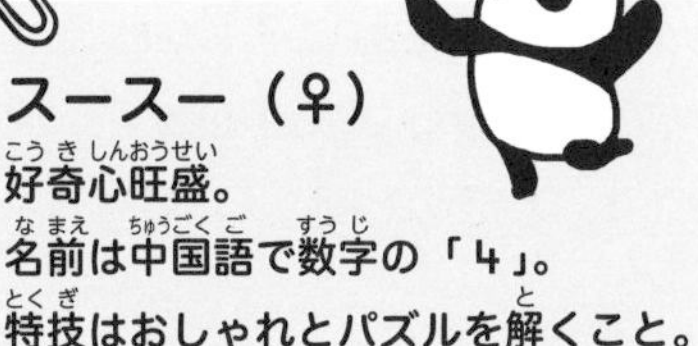

スースー（♀）
好奇心旺盛。
名前は中国語で数字の「４」。
特技はおしゃれとパズルを解くこと。

はじめに（親御さん向け）……… 2
はじめに（お子さん向け）……… 3
この本の使いかた……… 4
STEP パズルの解説動画について……… 8

単元 1 10 までの数（1 年生）

単元のまとめ（HOP）……… 10
立体ナンプレ（STEP→JUMP）……… 17
電車パズル（STEP→JUMP）……… 21
力だめし & JUMPの解答……… 24

単元 2 整数のたし算（1～3年生）

単元のまとめ（HOP）……… 26
タテヨコにたす（STEP→JUMP）……… 33
たし算めいろ（STEP→JUMP）……… 37
力だめし & JUMPの解答……… 40

単元 3 整数のひき算（1～3年生）

単元のまとめ（HOP）……… 42
ひき算めいろ（STEP→JUMP）……… 47
裏返しパズル（STEP→JUMP）……… 51
力だめし & JUMPの解答……… 56

単元 4 九九（2～4 年生）

単元のまとめ（HOP）……… 58
九九ダーツ（STEP→JUMP）……… 63
九九めいろ（STEP→JUMP）……… 67
力だめし & JUMPの解答……… 72

単元5 整数のかけ算（2～4年生）

単元のまとめ（HOP） …… 74
かけ算の三角形の頂点（STEP→JUMP） …… 79
タテヨコにかける（STEP→JUMP） …… 83
力だめし＆JUMPの解答 …… 88

単元6 なんじなんぷん（1～2年生）

単元のまとめ（HOP） …… 90
いもむしとけい（STEP→JUMP） …… 95
お月見とけい（STEP→JUMP） …… 99
力だめし＆JUMPの解答 …… 104

単元7 三角形と四角形（2年生）

単元のまとめ（HOP） …… 106
三角四角めいろ（STEP→JUMP） …… 113
からまった図形（STEP→JUMP） …… 117
力だめし＆JUMPの解答 …… 120

単元8 長さ（2年生）

単元のまとめ（HOP） …… 122
長さつなぎ（STEP→JUMP） …… 127
歩いた距離はいくつ（STEP→JUMP） …… 131
力だめし＆JUMPの解答 …… 136

単元9 奇数と偶数（2年生）

単元のまとめ（HOP） …… 138
奇数偶数てんびん（STEP→JUMP） …… 143
奇数偶数ナンプレ（STEP→JUMP） …… 147
力だめし＆JUMPの解答 …… 152

単元10 線対象と点対称（6年生）

単元のまとめ（HOP） …… 154
かがみにうつるのは（STEP→JUMP） …… 159
数を回転させると…（STEP→JUMP） …… 163
力だめし＆JUMPの解答 …… 168

読者のみんなへのプレゼント

STEP パズル全 20 問の わかりやす～い解説動画

苦手な子から得意な子まで、どんな子でも「やみつき」に導いてきたプロが、YouTube でだれよりもわかりやすく解説するよ！

STEP パズルのページ右上には必ず ＼動画も／ あるよ！ がついてるよ。

パソコンやスマホで見てね！ YouTube 動画はココから

⬇

やりかたが
わからない子は
お父さんお母さんに
きいてね！

単元① 単元レベル：1年生

10までの数

この単元のゴール

- 1から10までの数字のならび方をおぼえる
- 数字をみて、数の大小をすぐに答えられるようになる

HOP 単元のまとめ

1 数字の並び方

1から10は、小さい順にこのようになります。

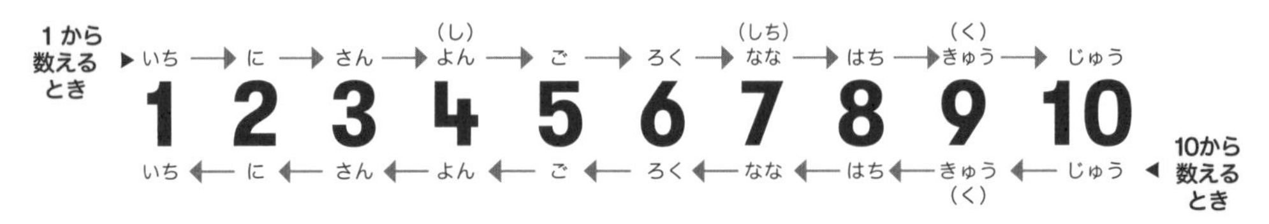

2 数と数字

りんごの数を数字であらわすと、このようになります。

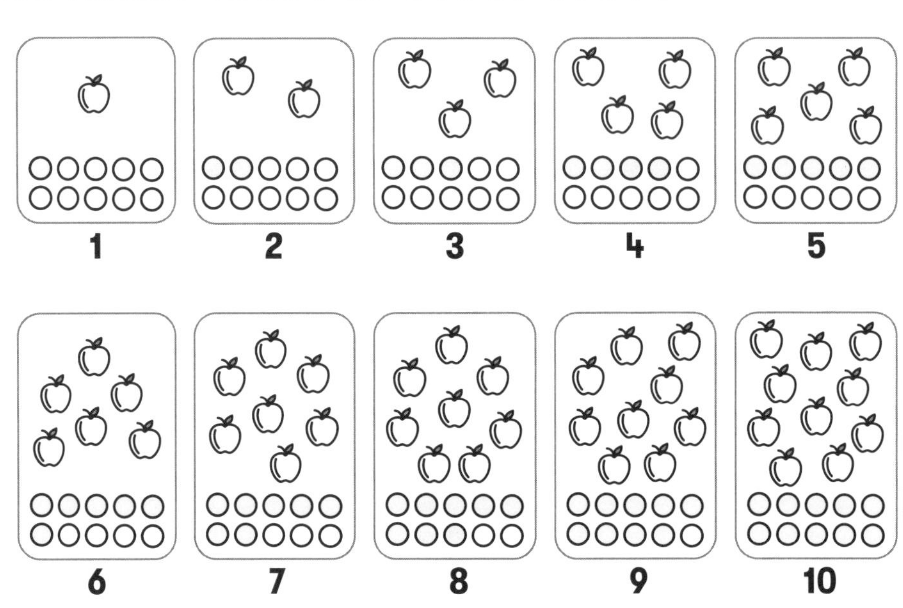

3 数の大小

数の大小のあらわし方は、このようになります。

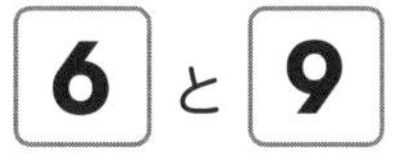

8 と 3

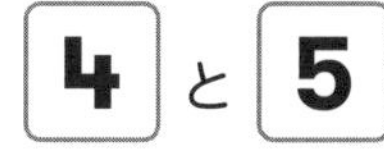

9の方が6より大きい（6の方が9より小さい）

8の方が3より大きい（3の方が8より小さい）

5の方が4より大きい（4の方が5より小さい）

下のように、記号（<、>）であらわすこともできます。
記号がひらいている方に大きい数字を書きます。

8 > 3

4 < 5

4 数の考え方

数と数の関係を覚えましょう。

6より1大きい数は7

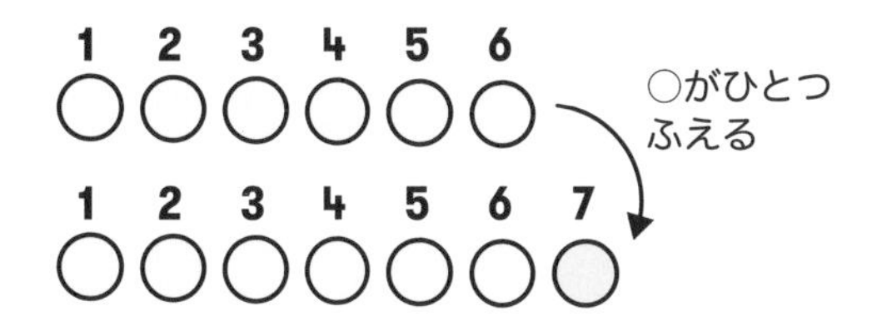

4より1小さい数は3

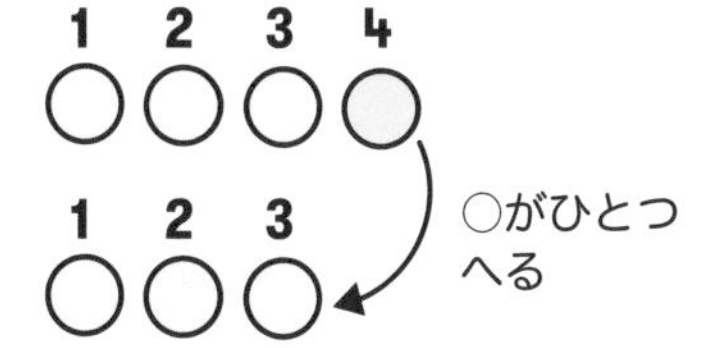

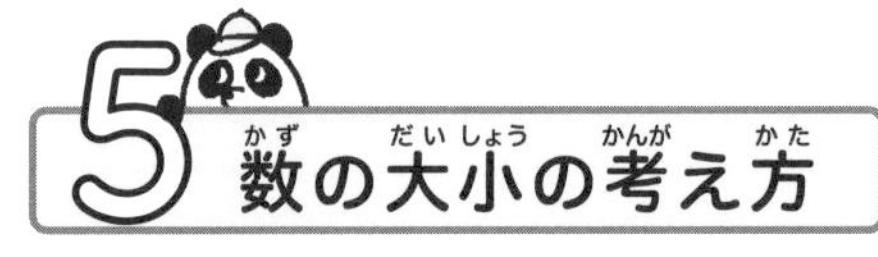

5 数の大小の考え方

小さい順、大きい順に数字を並べてみましょう。

例

7 **2** **5**

を小さい順に並べると、　小 → 大　1 ②3 4 ⑤6 ⑦8 9 10　**2 → 5 → 7**

3 **10** **6**

を大きい順に並べると、　大 → 小　⑩ 9 8 7 ⑥5 4 ③2 1　**10 → 6 → 3**

6 10になる数の組み合わせ

足して10になる数を考えてみましょう。

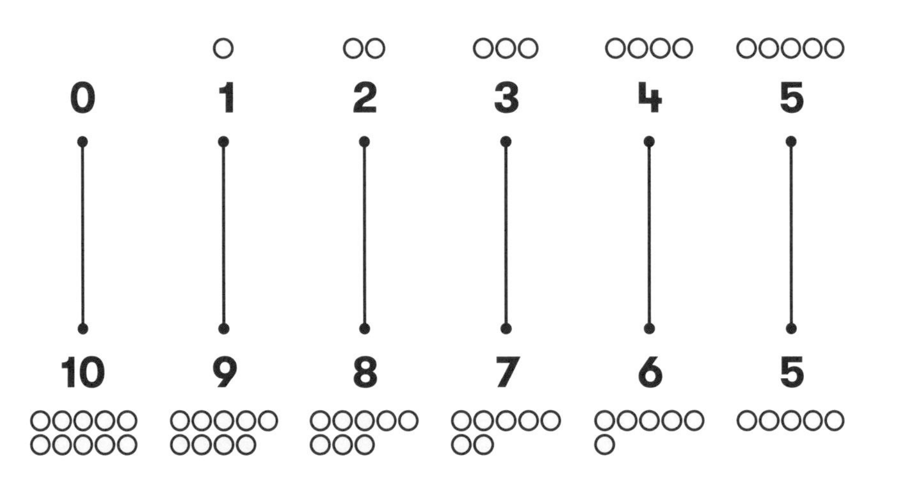

7 数の数え方

人や物を数えるとき、1つ、2つ……や1個、2個……のように、数字の後ろに何を数えているかをあらわす「単位」がつきます。単位は、数える対象によって変わります。

例

人の場合

○○人（にん）、

○○名（めい）

3人（3名）

花の場合

○○輪（りん）

5輪

本の場合

○○冊（さつ）

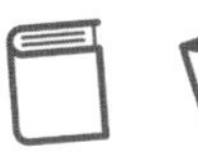

6冊

動物	物体
魚類…匹（ひき）、尾（び） 鳥類…羽（わ） 大型…匹（ひき／ぴき／びき）、頭（とう）	機械・器具…台（だい） 平面的な物…枚（まい）、面（めん） 長いもの…本（ほん／ぽん／ぼん）

ほかにも植物や乗り物、建物など、それぞれにさまざまな単位があります。

力だめし

問 1　次の絵を見て、（　　）の中に数を書きましょう。

（1）

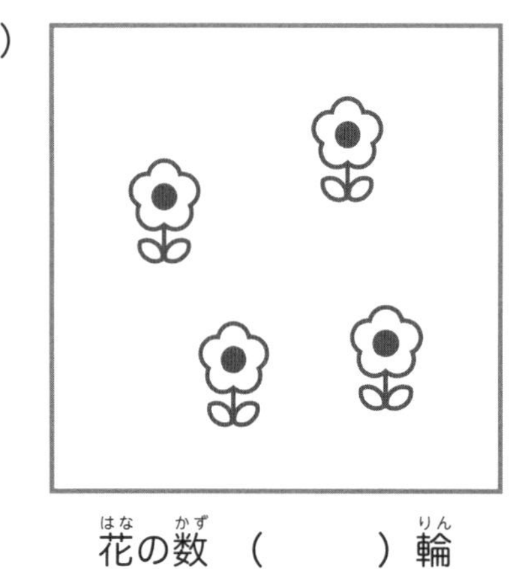

花の数　（　　　）輪

（2）

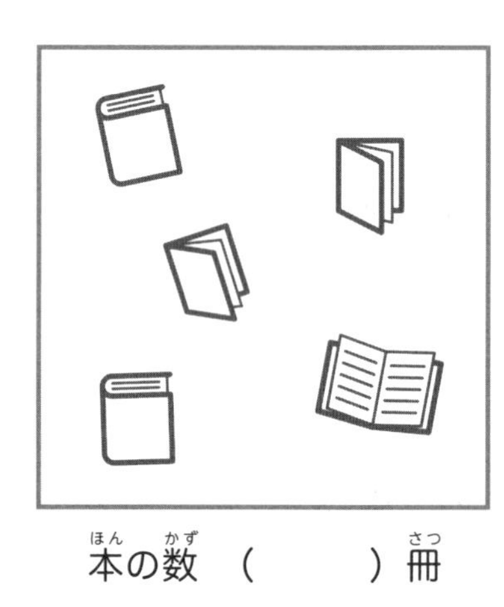

本の数　（　　　）冊

問 2　次の 2 つの数の大小について、「大きい」と「小さい」のうち正しい方を○で囲みましょう。また、□の中に<、>の記号を書きましょう。

（1）　**2** と **7**　　2 の方が 7 より（大きい・小さい）　**2** □ **7**

（2）　**4** と **1**　　4 の方が 1 より（大きい・小さい）　**4** □ **1**

（3）　**7** と **10**　　7 の方が10 より（大きい・小さい）　**7** □ **10**

〔　　〕に正しい数を書きましょう。
また、その数字の数だけ○の中をぬりましょう。

（1）　8より1大きい数は〔　　〕

8 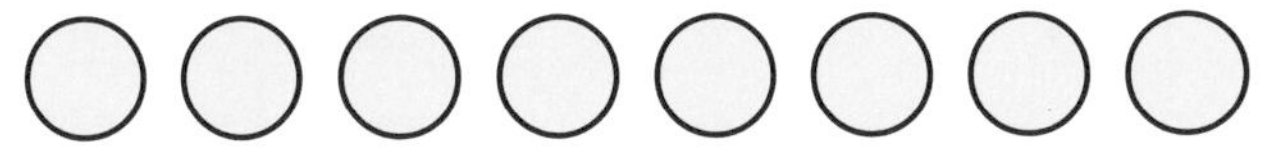

答え 

（2）　7より1小さい数は〔　　〕

7 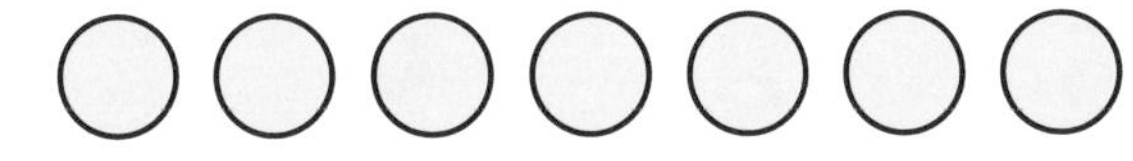

答え 

3つの数を並べかえて、□の中に数を書きましょう。

（1）  を小さい順に並べると、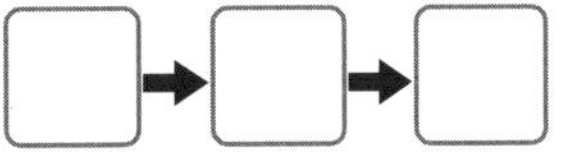

（2）  2 7 5 を大きい順に並べると、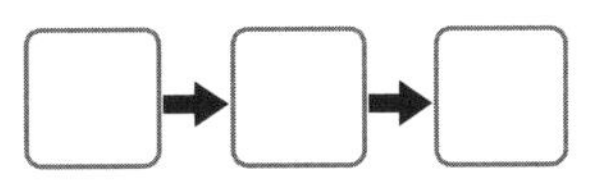

問5 上のカードと下のカードが合わせて10になるように、線でむすびましょう。

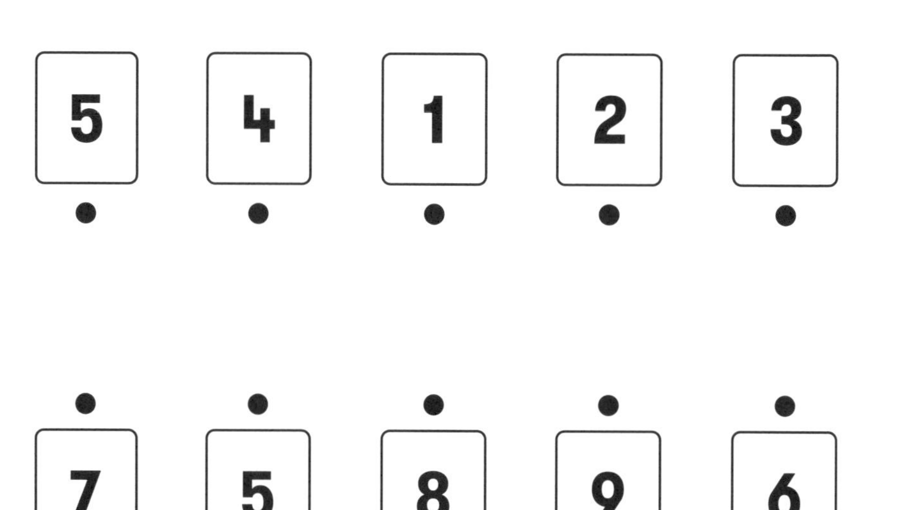

5
4
1
2
3
7
5
8
9
6

問6 □に入る1から10の数字を書きましょう。

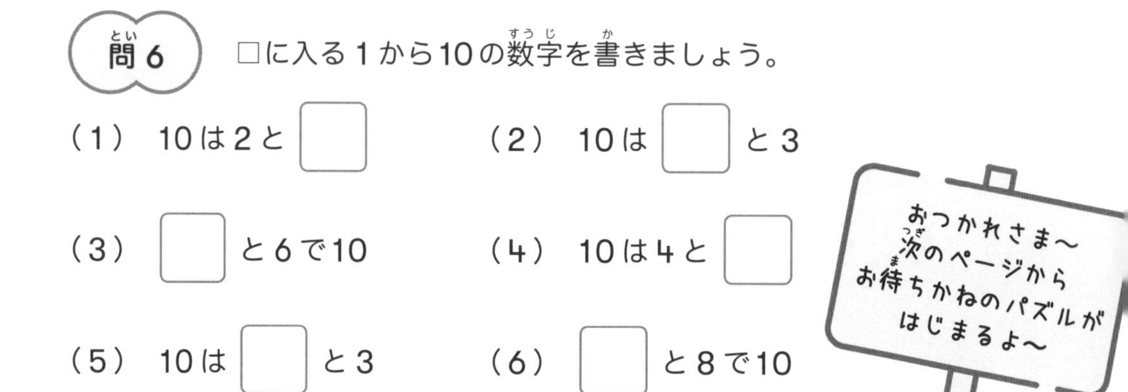

（1） 10は2と □

（2） 10は □ と3

（3） □ と6で10

（4） 10は4と □

（5） 10は □ と3

（6） □ と8で10

おつかれさま～
次のページから
お待ちかねのパズルが
はじまるよ～

パズル

STEP 立体ナンプレ

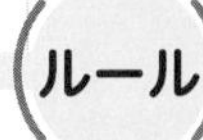

❶ 空いているマスに1、2、3、4の数字のうちどれかを書きましょう。

❷ たて、よこ、めんのそれぞれに、1～4が1回ずつ入ります。

❸ 立体なので、列を矢印のように考えます。

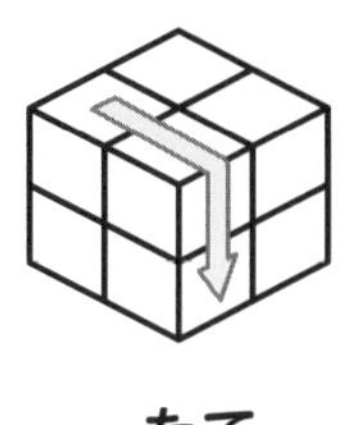

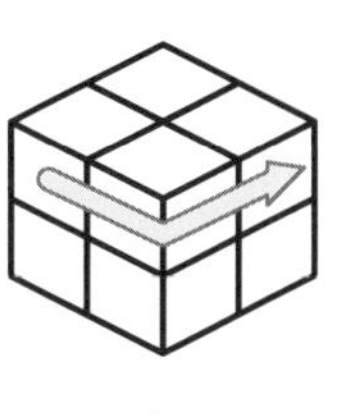

よこ

めん（面）

解答と解き方

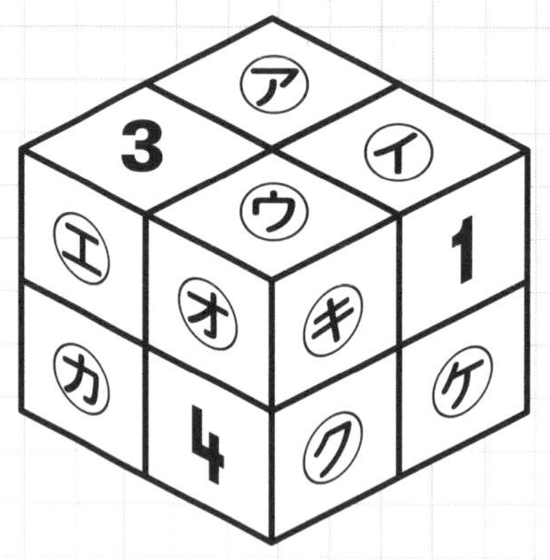

答え

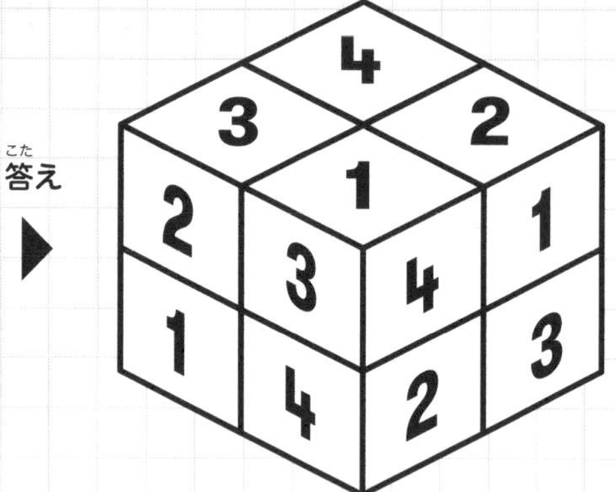

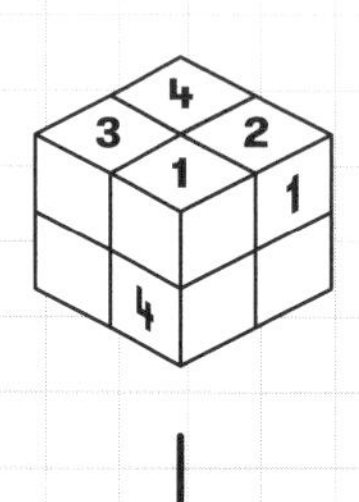

❶ ㋑のたての列にはすでに4と1があり、同じ面に3があるので、㋑には2が入ります。

❷ また、同じように考えていくと、㋐には4が入ります。

❸ 最後に残った㋒には1が入ります。

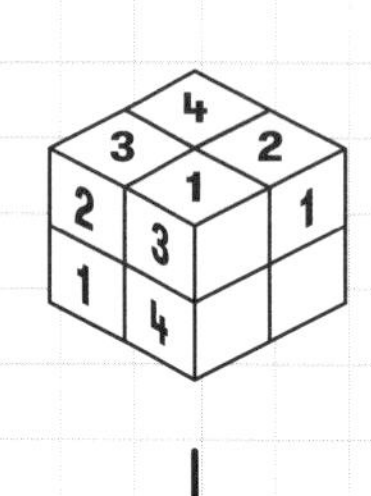

❹ ㋓のたての列にはすでに3と4が、よこの列には1が入っているので、㋓には2が入り、㋕には1が入ります。

❺ 最後に残った㋔には3が入ります。

❻ 最後に、㋖、㋗、㋘それぞれのたての列、よこの列を見ながら、使われていない数字を入れていきます。

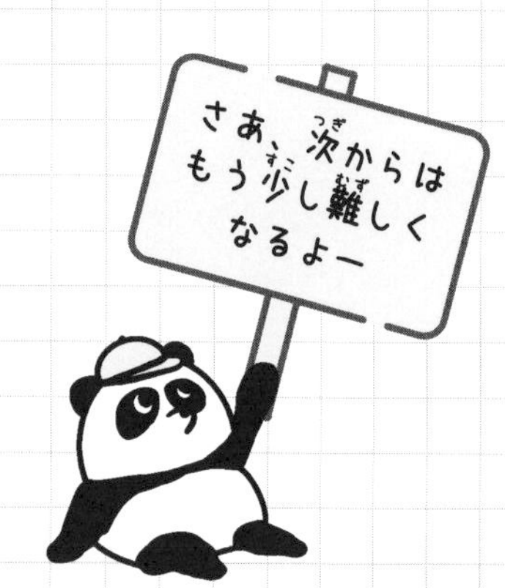

さあ、次からは
もう少し難しく
なるよー

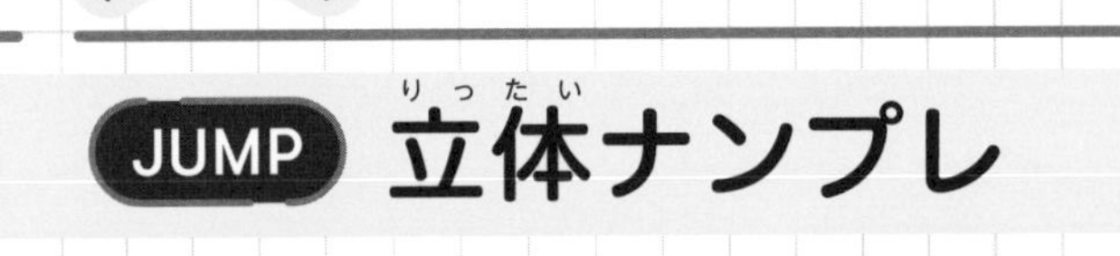

STEPと同じルールで、もう一度解いてみましょう。

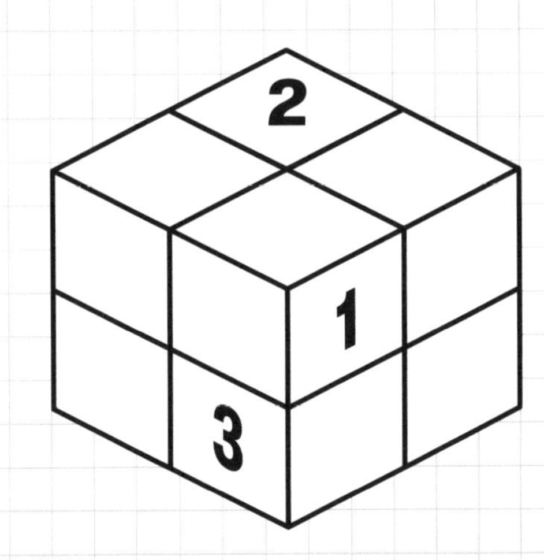

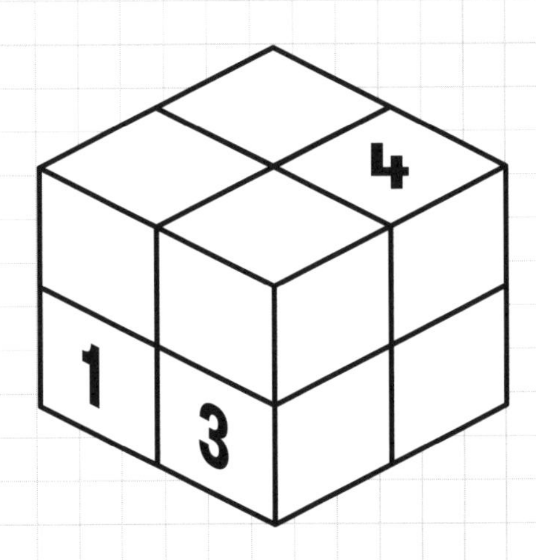

問3

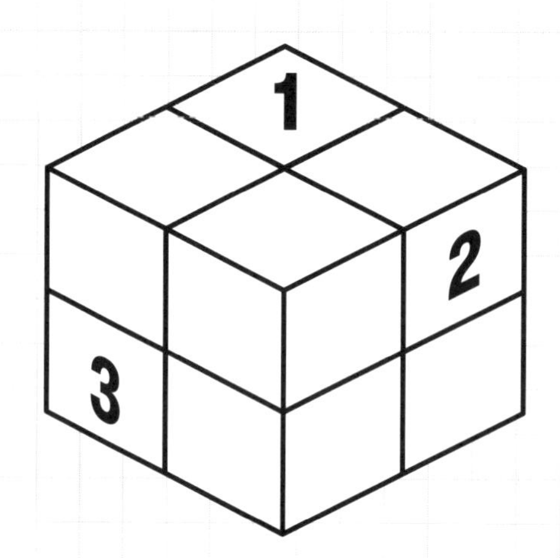
1
2
3

問4

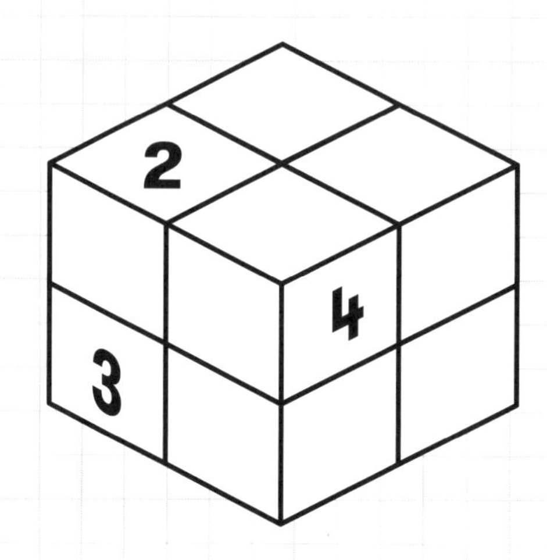
2
4
3

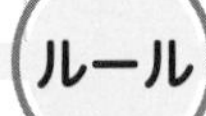

STEP 電車(でんしゃ)パズル

ルール

❶ 数(かず)の大小(だいしょう)に気(き)をつけて、使(つか)える数字(すうじ)を空欄(くうらん)に入れましょう。

❷ ○には2、4、□には1、3、5のどれかが入(はい)ります。

❸ ただし、同(おな)じ数字(すうじ)は1度(ど)しか使(つか)えません。

解答と解き方

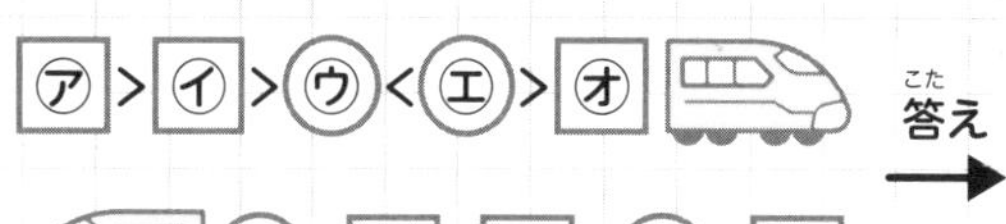

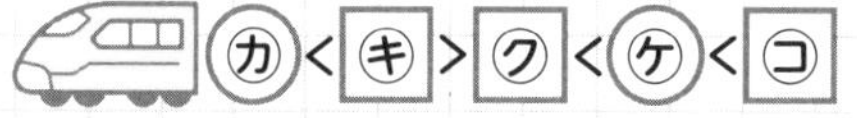

答え →

5 > 3 > ② < ④ > 1

④ < 5 > 1 < ② < 3

※別解あり

❶ まず㊟に注目します。㊟は○なので、2か4が入りますが、㋒<㊟なので、4が入ります。

❷ すると、㋒は2であるとわかります。

❸ 次に1、3、5がどこに入るか考えます。㋑に注目すると、2より大きい数なので、3か5が入りますが、5を入れると、㋐>5となり、㋐に入る数字がなくなります。よって、㋑には3が、㋐には5が入ります。

❹ 最後に残った㋔には1が入ります。

④ < 5 > □ < ② < □

↓

④ < 5 > 1 < ② < 3

❺ ❶と同様に㋕が4のときを考えると、㋘は2、㋖は5になります。

❻ ㋗は、2よりも小さい数になるので、1が入ります。最後に残った㋙には3が入ります。

別解

② < 3 > 1 < ④ < 5

〔別解〕

❺ ㋕が2の場合、㋘は4、㋙は5になります。

❻ 最後に、㋖>㋗なので、㋖には3が、㋗には1が入ります。

JUMP 電車パズル

STEPと同じルールで、もう一度解いてみましょう。

使える数字：1 ～ 5

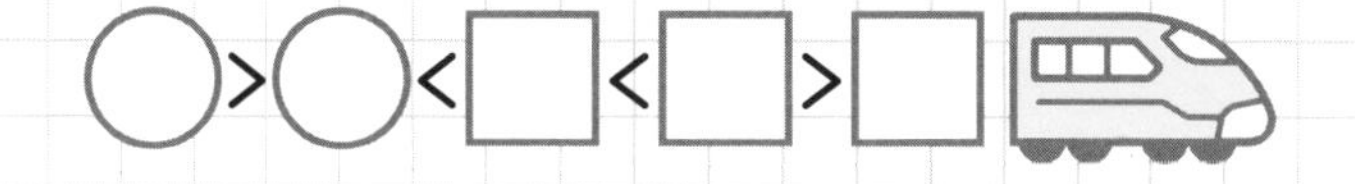

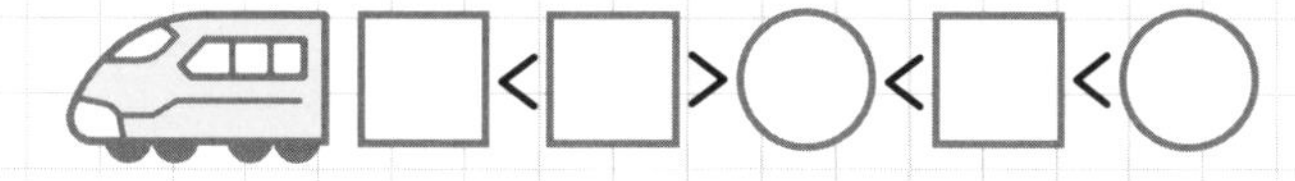

使える数字：1 ～ 6

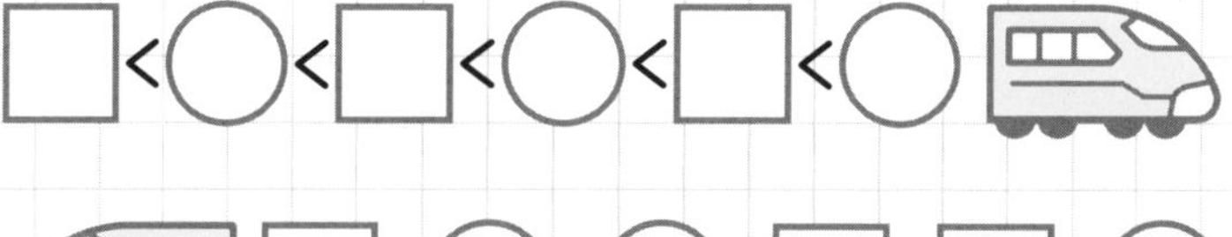

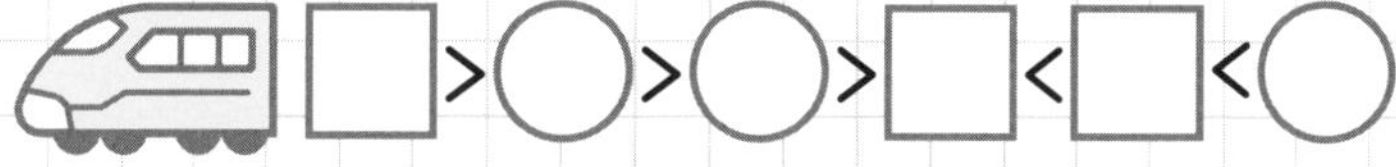

使える数字：1 ～ 7

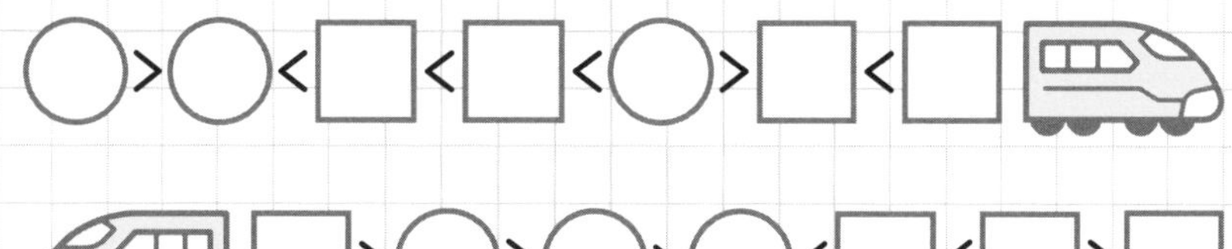

力(ちから)だめし ＆ JUMPの解答(かいとう)

力だめし　問1

（1）　4輪（りん）　　（2）　5冊（さつ）

問2

（1）2の方が7より小さい。2 ＜ 7

（2）4の方が1より大きい。4 ＞ 1

（3）7の方が10より小さい。7 ＜ 10

問3

（1）　8より1大きい数は9

○○○○○○○○○○

（2）　7より1小さい数は6

○○○○○○○○○○

問4

（1）　3 → 4 → 9

（2）　7 → 5 → 2

問5

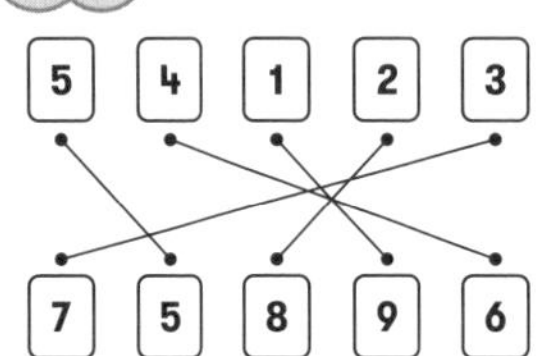

問6

（1）10は2と8　　（2）10は7と3

（3）4と6で10　　（4）10は4と6

（5）10は7と3　　（6）2と8で10

JUMP／立体ナンプレ

問1

問2

問3

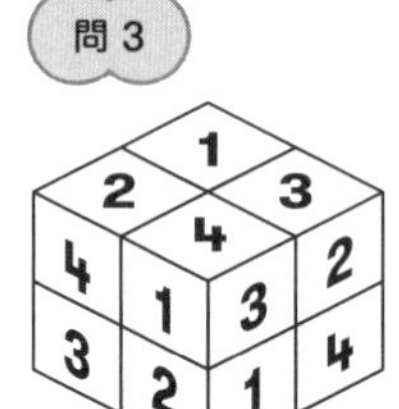

問4

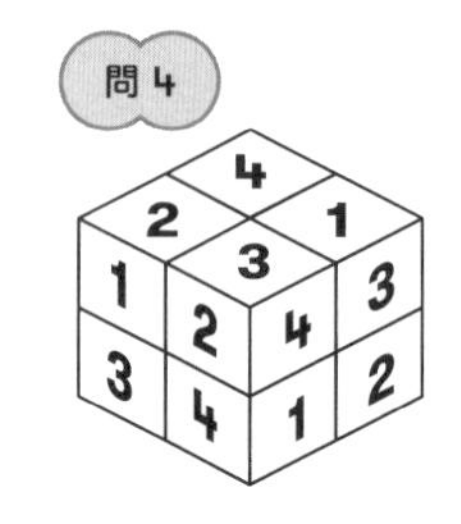

JUMP／電車パズル

問1

4 > 2 < 3 < 5 > 1

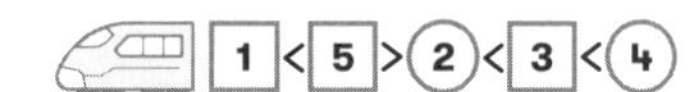

問2

1 < 2 < 3 < 4 < 5 < 6

問3

4 > 2 < 3 < 5 < 6 > 1 < 7

7 > 6 > 4 > 2 < 3 < 5 > 1

単元❷ 単元レベル：1～3年生

整数のたし算

この単元のゴール

- ▶たし算ができるようになる
- ▶くり上がりのあるたし算で「さくらんぼ計算」を使えるようになる

HOP 単元のまとめ

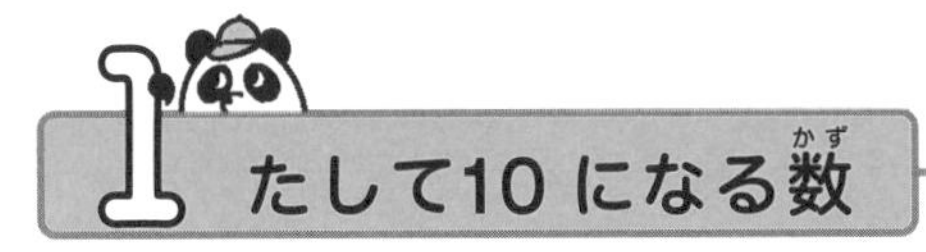

1 たして10になる数

たして10になる数を、式で書けるようにしましょう。

8 ＋ [2] ＝10　　[5] ＋ 5 ＝10

[6] ＋ 4 ＝10　　1 ＋ [9] ＝10

2 10より大きい数

1から20は、小さい順にこのようになります。

小 1 2 3 4 5 6 7 8 9 10 11 12 13 14 15 16 17 18 19 20 大

11より3大きい数は**14**

14より4大きい数は**18**

17より2大きい数は**19**

3 たし算の考え方

たし算のイメージを身につけましょう。

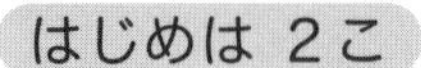

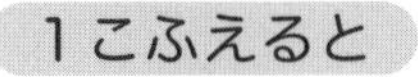

  ＋  ＝ ぜんぶで **3** こ

はじめは 3本

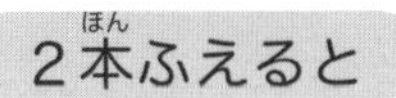

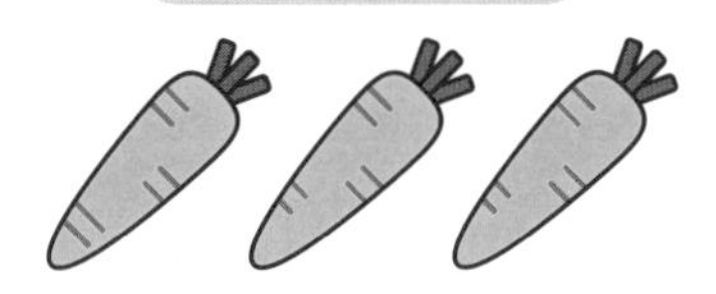 ＋ 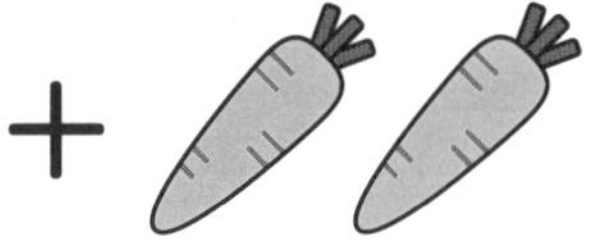 ＝ ぜんぶで **5** 本

4 さくらんぼ計算

くりあがりのあるたし算は、このように計算しましょう。

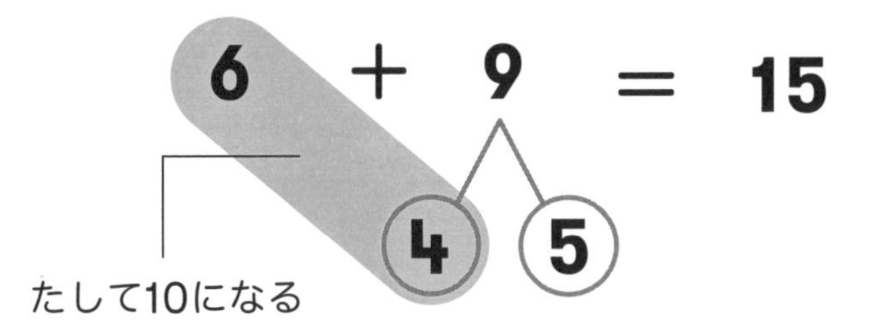

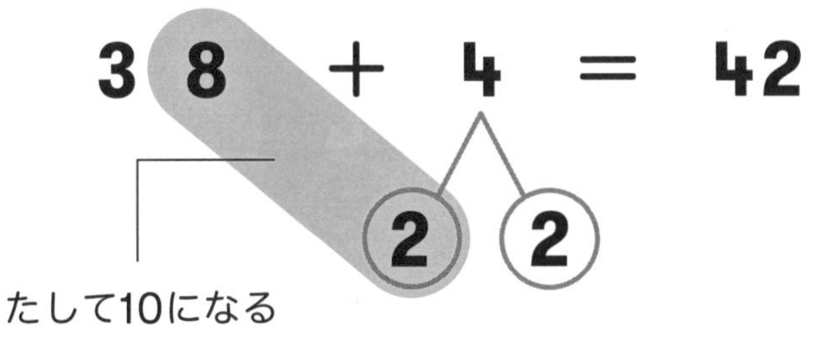

(1)

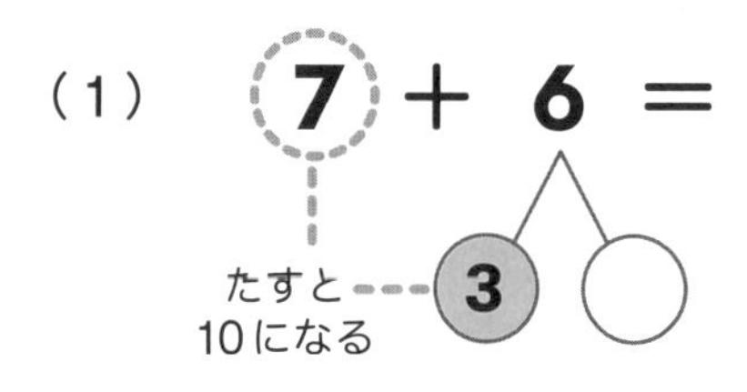

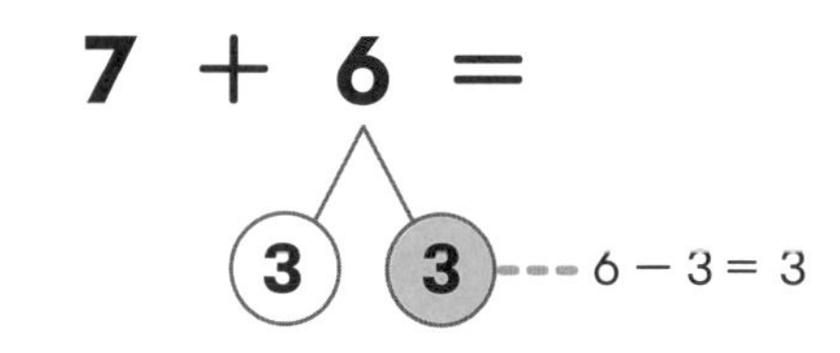

❶ 7にたして10になる3を左のさくらんぼに入れる。

❷ さくらんぼを合わせて6にするために、3を右に入れる。

❸ 10と右のさくらんぼをたして、答えは13。

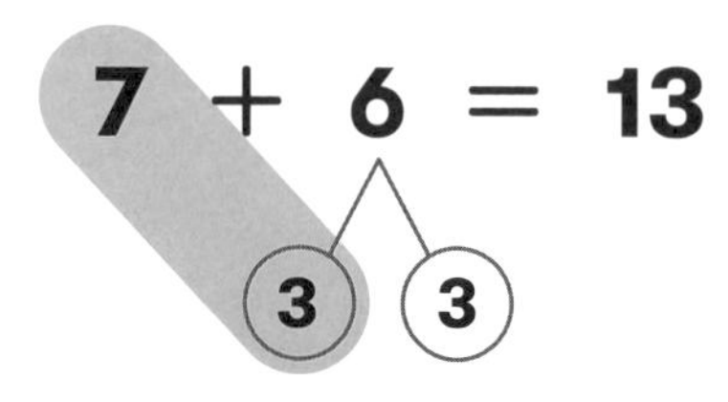

(2)

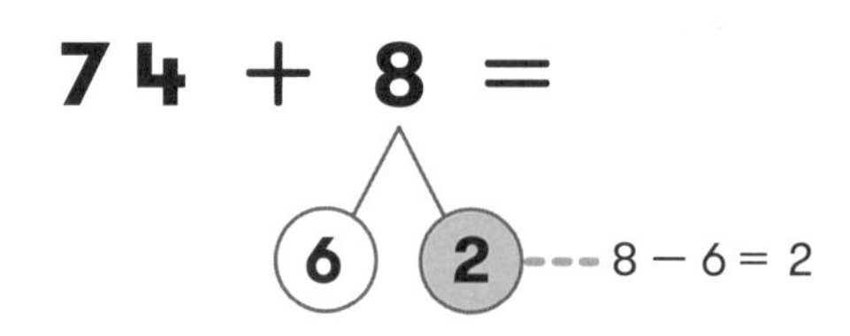

❶ 4にたして10になる6を左のさくらんぼに入れる。

❷ さくらんぼを合わせて8にするために、2を右に入れる。

❸ 80と右のさくらんぼをたして、答えは82。

74 ＋ 8 ＝ 82

6　2

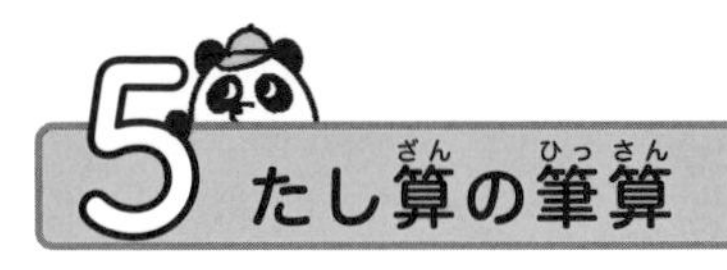

5 たし算の筆算

さくらんぼを書かずに解けるようになると、筆算に応用できます。

（1）

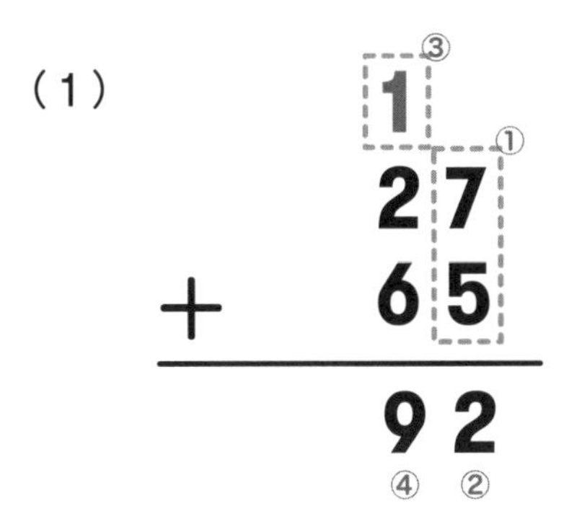

❶ 一の位の7と5をたして、12。
❷ 12の一の位の2だけを下に書く。
❸ 12の十の位の1は、2の上に書く。
❹ くり上げた1と、十の位の2と6をたした9を下に書く。

（2）

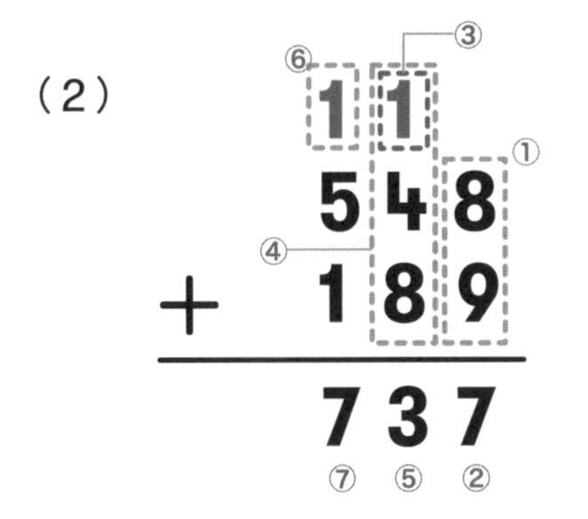

❶ 一の位の8と9をたして、17。
❷ 17の一の位の7だけを下に書く。
❸ 17の十の位の1は、4の上に書く。
❹ くり上げた1と、4と8をたして、13。
❺ 13の一の位の3だけを下に書く。
❻ 13の十の位の1は、5の上に書く。
❼ くり上げた1と、5と1をたした7を下に書く。

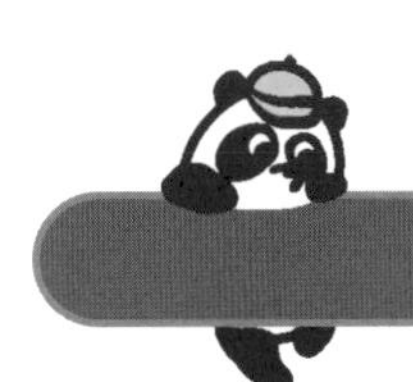

力だめし

問1　□に入る数を書きましょう。

（1）　12 — □ — 14　　　（2）　16 — 17 — □

問2　たし算の式と答えのカードを線で結びましょう。

1+3	8+1	5+2	4+4
7	9	8	4

問3　同じ答えの式のカードを線で結びましょう。

6+4	5+1	4+3	7+2
3+3	9+1	5+2	3+6

□に入る数を書きましょう。

（1） 7＋6の計算

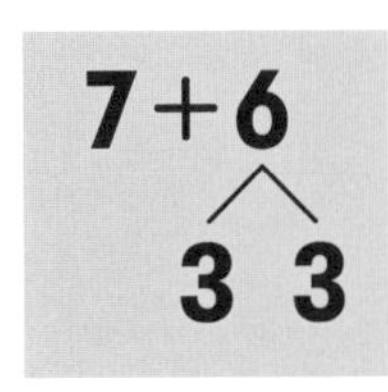

6を□と□にわける。

7に□をたして10。

10と□で答えは□。

（2） 9＋5の計算

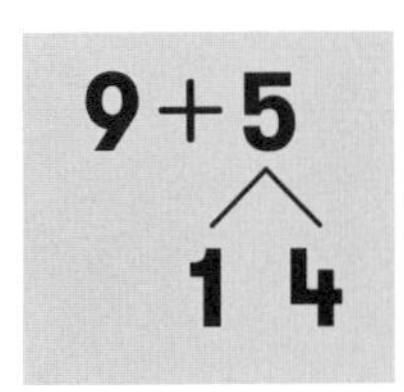

5を□と□にわける。

9に□をたして10。

10と□で答えは□。

問5　次の計算をしましょう。

（1）　56＋98

$$\begin{array}{r} 56 \\ +\quad 98 \\ \hline \end{array}$$

（2）　178＋785

$$\begin{array}{r} 178 \\ +\quad 785 \\ \hline \end{array}$$

（3）　403＋827

$$\begin{array}{r} 403 \\ +\quad 827 \\ \hline \end{array}$$

（4）　538＋563

$$\begin{array}{r} 538 \\ +\quad 563 \\ \hline \end{array}$$

STEP タテヨコにたす

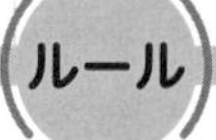

❶ 空欄に1から9の数字を書きましょう。

❷ タテ方向に足すと上の数字に、
ヨコ方向に足すと左の数字になります。

❸ ただし、同じ列の空欄に同じ数を入れてはいけません。

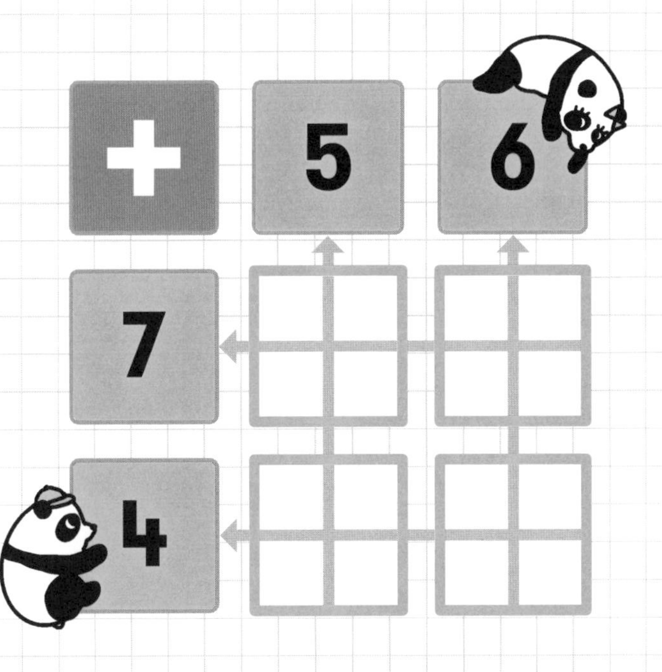

解答と解き方

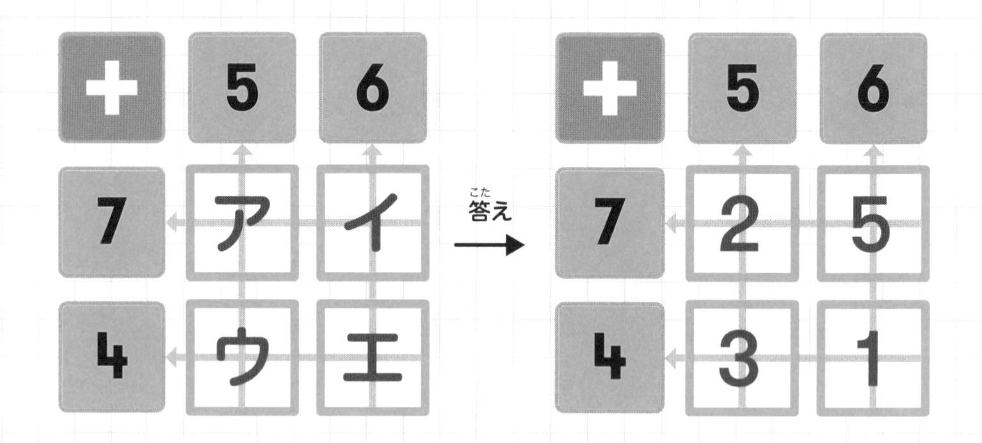

❶まず、ア+イ=7となる組み合わせを考えます。

❷ア+イ=7となるのは、「ア=1、イ=6」、「ア=6、イ=1」、「ア=2、イ=5」、「ア=5、イ=2」、「ア=3、イ=4」、「ア=4、イ=3」のときです。

❸ア=1、イ=6のとき、イ+エ=6にならないのであてはまりません。
ア=6、イ=1のとき、
ア+ウ=5にならないのであてはまりません。
ア=5、イ=2のとき、ア+ウ=5にならないのであてはまりません。

❹よって、ア=2、イ=5となり、2+ウ=5で、ウ=3となります。
さらに、5+エ=6となるため、エ=1となります。
よって、ア=2、イ=5、ウ=3、エ=1となります。

パズル

JUMP タテヨコにたす

問(とい)1

+	9	3
8		
4		

問(とい)2

+	4	8
5		
7		

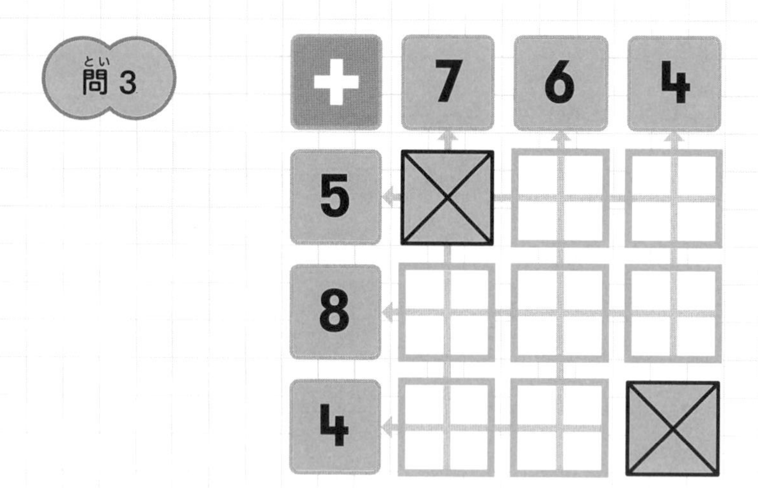
問3
+
7
6
4
5
8
4

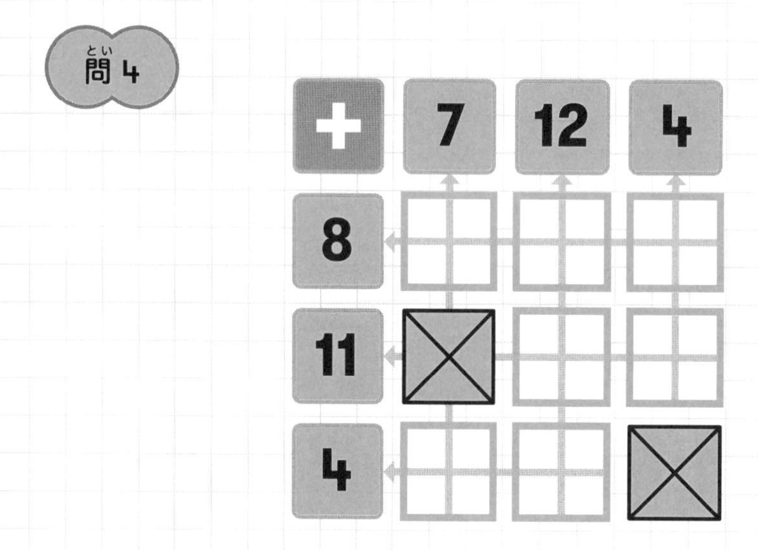
問4
+
7
12
4
8
11
4

STEP たし算めいろ

ルール

❶ スタートからゴールを目指しましょう。

❷ 数字の「1」からはじめて、＋1、＋2、＋3……とたして出る数にすすみます。

❸ ななめにはすすめません。

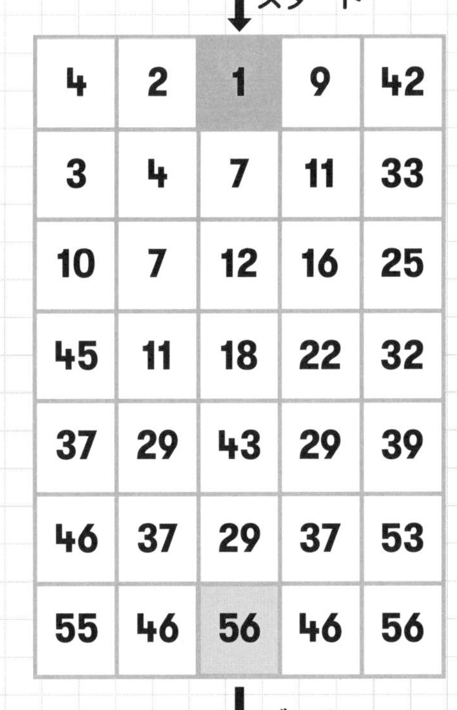

↓スタート

4	2	1	9	42
3	4	7	11	33
10	7	12	16	25
45	11	18	22	32
37	29	43	29	39
46	37	29	37	53
55	46	56	46	56

↓ゴール

解答と解き方

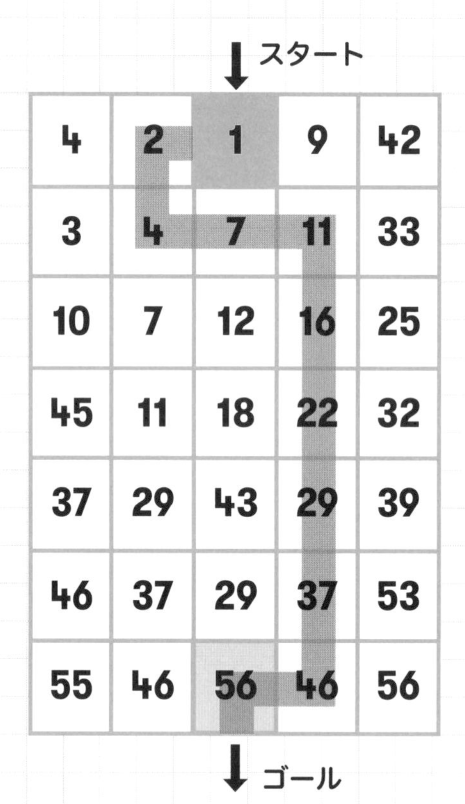

1 + 1 = 2、2 + 2 = 4、4 + 3 = 7、7 + 4 = 11、11 + 5 = 16、16 + 6 = 22、22 + 7 = 29、29 + 8 = 37、37 + 9 = 46、46 + 10 = 56となるため、上の図のようになります。

パズル

JUMP たし算(ざん)めいろ

問(とい)1

スタート→ 4

12	10	14	19	23
5	7	9	25	14
4	6	12	32	40
5	8	14	40	25
50	41	56	49	33
65	53	68	59	70
70	59	70	64	68

ゴール→ 70

問(とい)2

21	27	34	42	51
16	22	43	49	72
12	9	30	51	61
13	20	34	42	45
9	15	27	32	22
7	10	21	16	21
6	7	9	12	34

ゴール→ 72

スタート→ 6

力(ちから)だめし & JUMPの解答(かいとう)

力だめし

問1

(2) 16—17—18

問2

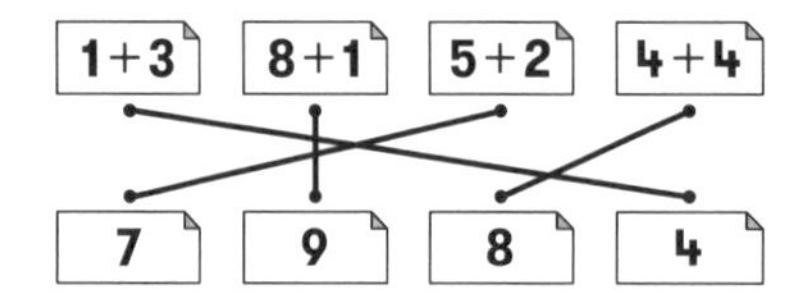

問3

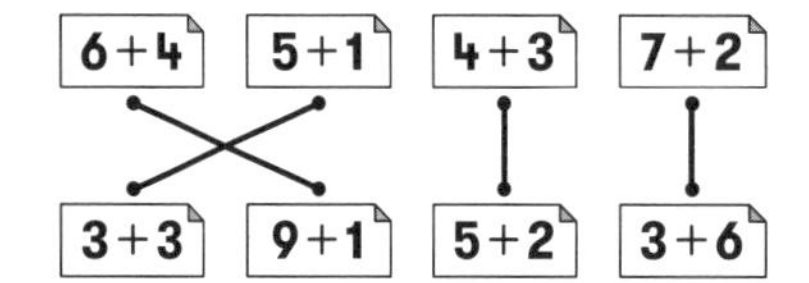

問4

(1) 6を 3 と 3 にわける。

7に 3 をたして10。

10と 3 で答えは 13

(2) 5を 1 と 4 にわける。

9に 1 をたして10。

10と 4 で答えは 14

問5

(1) 154　　(2) 963

(3) 1230　　(4) 1101

JUMP／タテヨコにたす

問1

+	9	3
8	6	2
4	3	1

問2

+	4	8
5	3	2
7	1	6

問3

+	7	6	4
5	☒	2	3
8	4	3	1
4	3	1	☒

問4

+	7	12	4
8	4	3	1
11	☒	8	3
4	3	1	☒

JUMP／たし算めいろ

問1

12	10	14	19	23
5	7	9	25	14
4	6	12	32	40
5	8	14	40	25
50	41	56	49	33
65	53	68	59	70
70	59	70	64	68

スタート → 4　　70 → ゴール

問2

21	27	34	42	51
16	22	43	49	72
12	9	30	51	61
13	20	34	42	45
9	15	27	32	22
7	10	21	16	21
6	7	9	12	34

スタート → 6　　72 → ゴール

単元③ 単元レベル：1〜3年生

整数のひき算

この単元のゴール

- ▶ひき算ができるようになる
- ▶くり下がりのあるひき算で「さくらんぼ計算」を使えるようになる

HOP 単元のまとめ

1 ひき算の考え方

はじめは５個 → ２個減ると

全部で**３**個

はじめは９本 → ２本減ると

全部で**７**本

2 さくらんぼ計算

さくらんぼ計算は、くり上がりのあるたし算だけではなく、
くり下がりのあるひき算にも使うことができます。
まず、「ひいて一の位が０になる数」をしっかりとおさえる必要があります。
なれてきたら、さくらんぼを書かずに解けるようにしましょう。

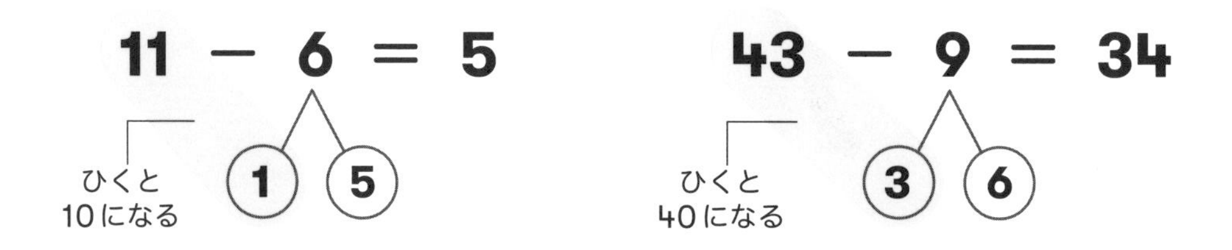

さくらんぼを書かずに解けるようになると、筆算にも応用できます。

（1）

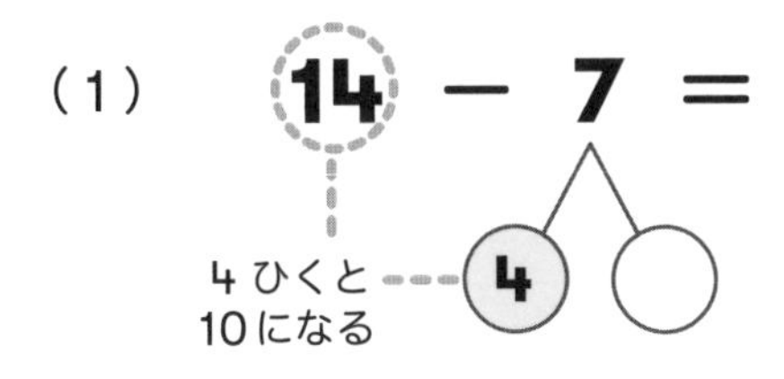

14 − 7 =

4　3　7 − 4 = 3

❶14からひいて10になる4を左のさくらんぼに入れる。

❷さくらんぼを合わせて7にするために、3を右に入れる。

❸10から右のさくらんぼをひいて、答えは7。

14 − 7 = 7

4　3

（2）

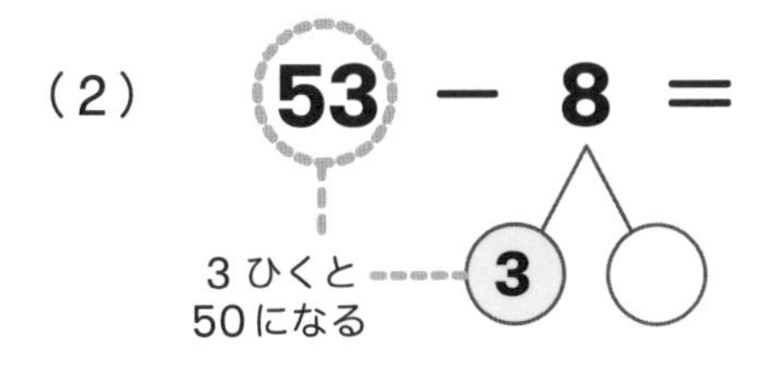

53 − 8 =

3　5　8 − 3 = 5

❶53からひいて50になる3を左のさくらんぼに入れる。

❷さくらんぼを合わせて8にするために、5を右に入れる。

❸50から右のさくらんぼをひいて、答えは45。
（53 − 3 − 5）

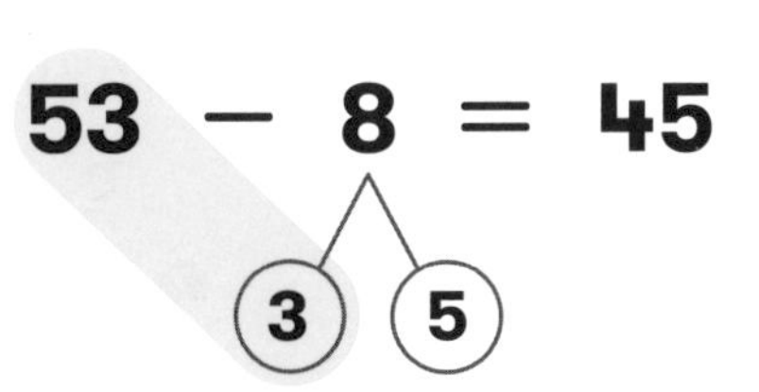

3 ひき算の筆算

さくらんぼを書かずに解けるようになると、筆算に応用できます。

(1)

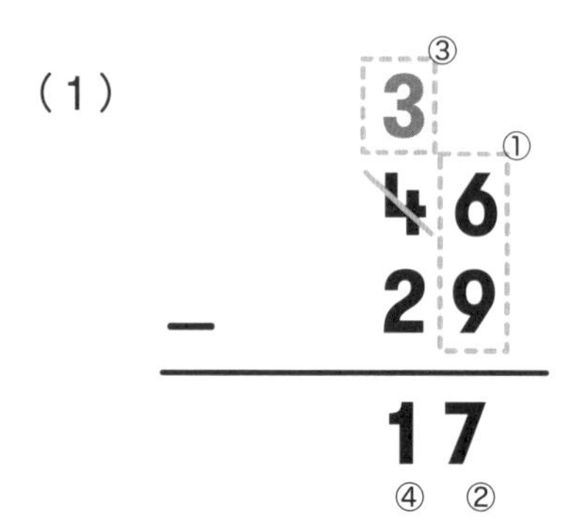

❶ 一の位の 6 から 9 はひけない。

❷ 46 の十の位の 4 から 1 をかりて、16 − 9=7 を下に書く。

❸ 46 の十の位の 4 は 1 をかしたので、3 になる。

❹ 十の位の 3 から 2 をひいた 1 を下に書く。

(2)

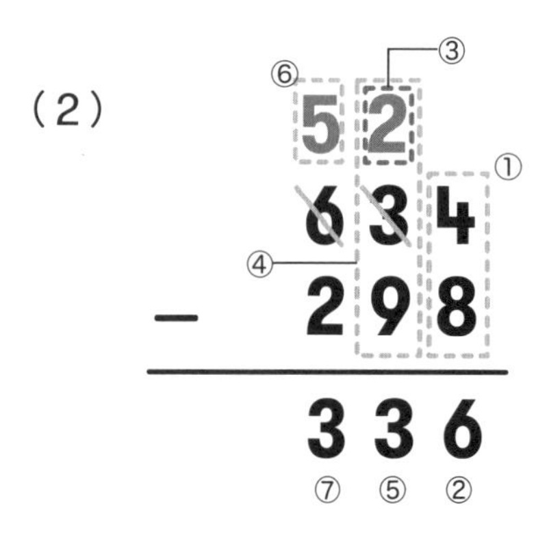

❶ 一の位の 4 から 8 はひけない。

❷ 634 の十の位の 3 から 1 をかりて、14 − 8 = 6 を下に書く。

❸ 634 の十の位の 3 は 1 をかしたので、2 になる。

❹ 十の位の 2 から 9 はひけない。

❺ 634 の百の位の 6 から 1 をかりて、12 − 9 = 3 を下に書く。

❻ 634 の百の位の 6 は 1 をかしたので、5 になる。

❼ 百の位の 5 から 2 をひいた 3 を下に書く。

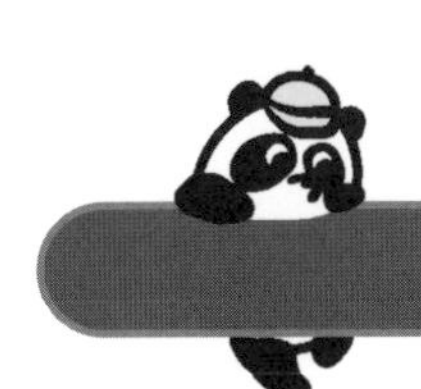

力だめし

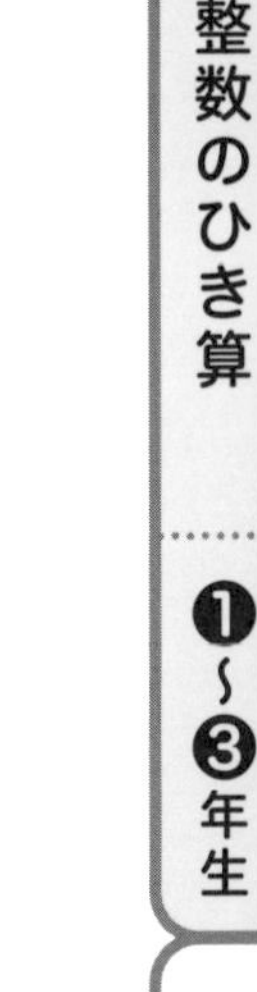

問1　ひき算の式と答えのカードを線で結びましょう。

3－1	8－7	6－3	9－4
・	・	・	・
・	・	・	・
1	2	5	3

問2　答えが同じになるカードを線で結びましょう。

6－4	5－1	8－2	6－3
・	・	・	・
・	・	・	・
3－1	9－6	6－2	9－3

問3　次の計算をしましょう。

（1）　9－6＝　　（2）　15－4＝　　（3）　17－2＝

問4　□に入る数を書きましょう。

（1）　12－6の計算

12－6
　　2 4

6を□と□にわける。

12から□をひいて10。

10から□をひいて答えは□。

（1）　23－8の計算

23－8
　　3 5

8を□と□にわける。

23から□をひいて20。

20から□をひいて答えは□。

問5　計算しましょう。

（1）

$$\begin{array}{r} 53 \\ -\ 28 \\ \hline \end{array}$$

（2）

$$\begin{array}{r} 381 \\ -\ 203 \\ \hline \end{array}$$

（3）

$$\begin{array}{r} 917 \\ -\ 249 \\ \hline \end{array}$$

パズル

STEP ひき算めいろ

ルール

❶ スタートの数字からはじめて、決められた数だけひいて、ゴールを目指しましょう。

❷ 必ず色のついたマスのどれか 1 つを通ります。

❸ ただし、ななめには進めません。

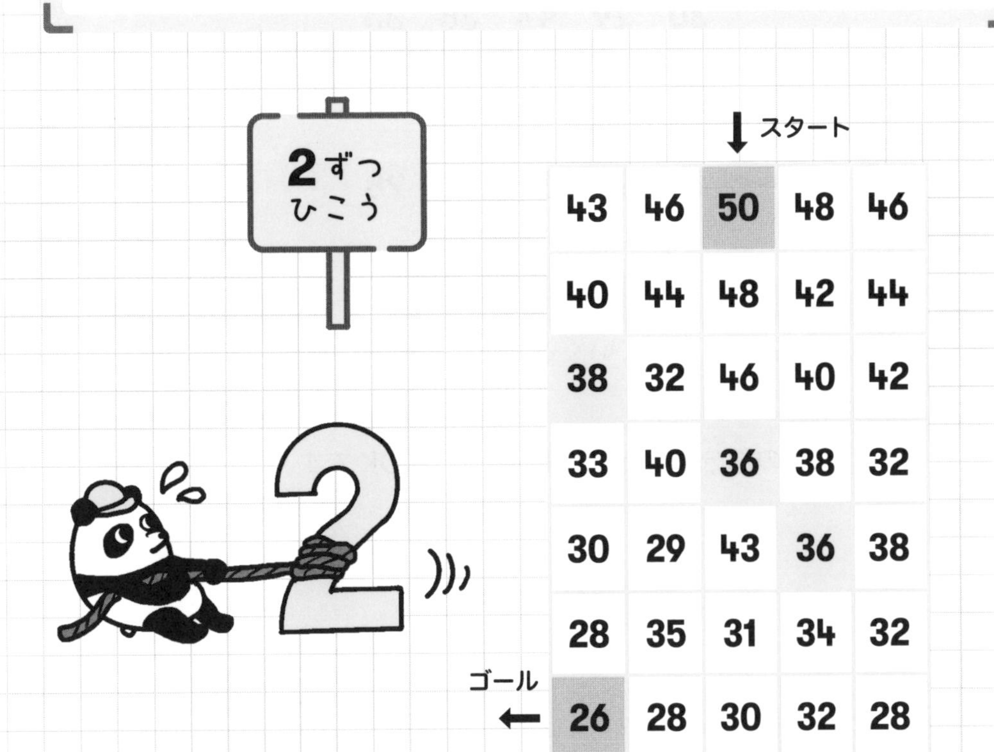

43	46	50	48	46
40	44	48	42	44
38	32	46	40	42
33	40	36	38	32
30	29	43	36	38
28	35	31	34	32
26	28	30	32	28

解答と解き方

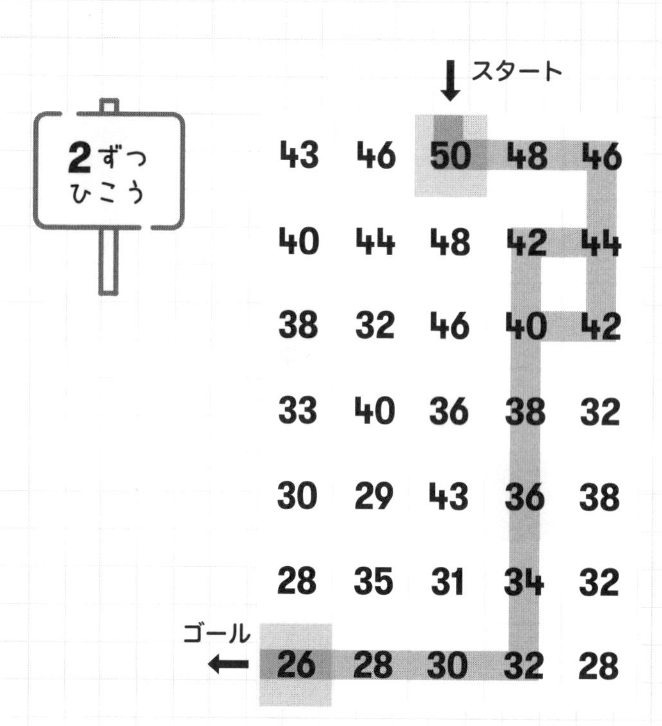

ルールに注意して2ずつ引いていくと、上の図のようになります。

「44→42→40」の部分は、どちらに進んでもOKです。

パズル

JUMP ひき算めいろ

問1

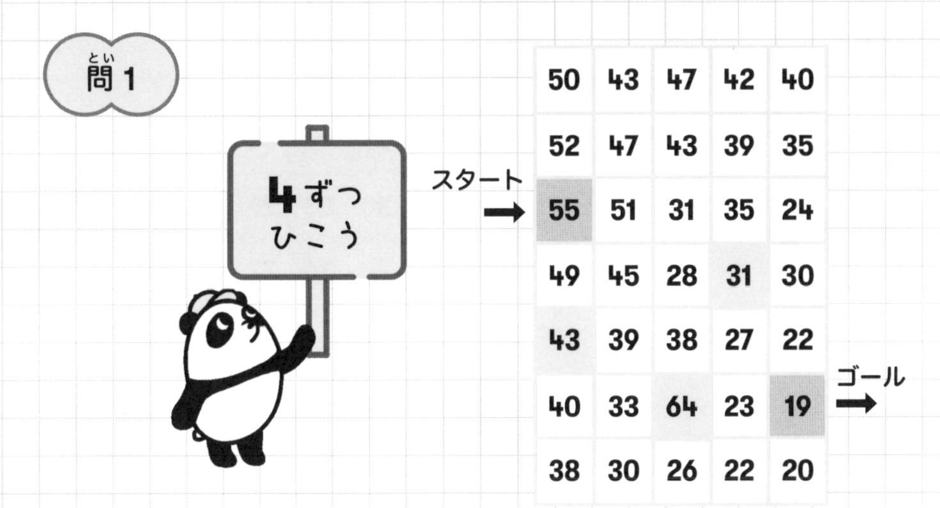

50	43	47	42	40
52	47	43	39	35
55	51	31	35	24
49	45	28	31	30
43	39	38	27	22
40	33	64	23	19
38	30	26	22	20

問2

30	34	27	25	21
37	41	34	27	20
56	48	42	48	29
76	55	62	55	38
83	70	69	52	45
90	83	76	59	52
83	76	70	64	55

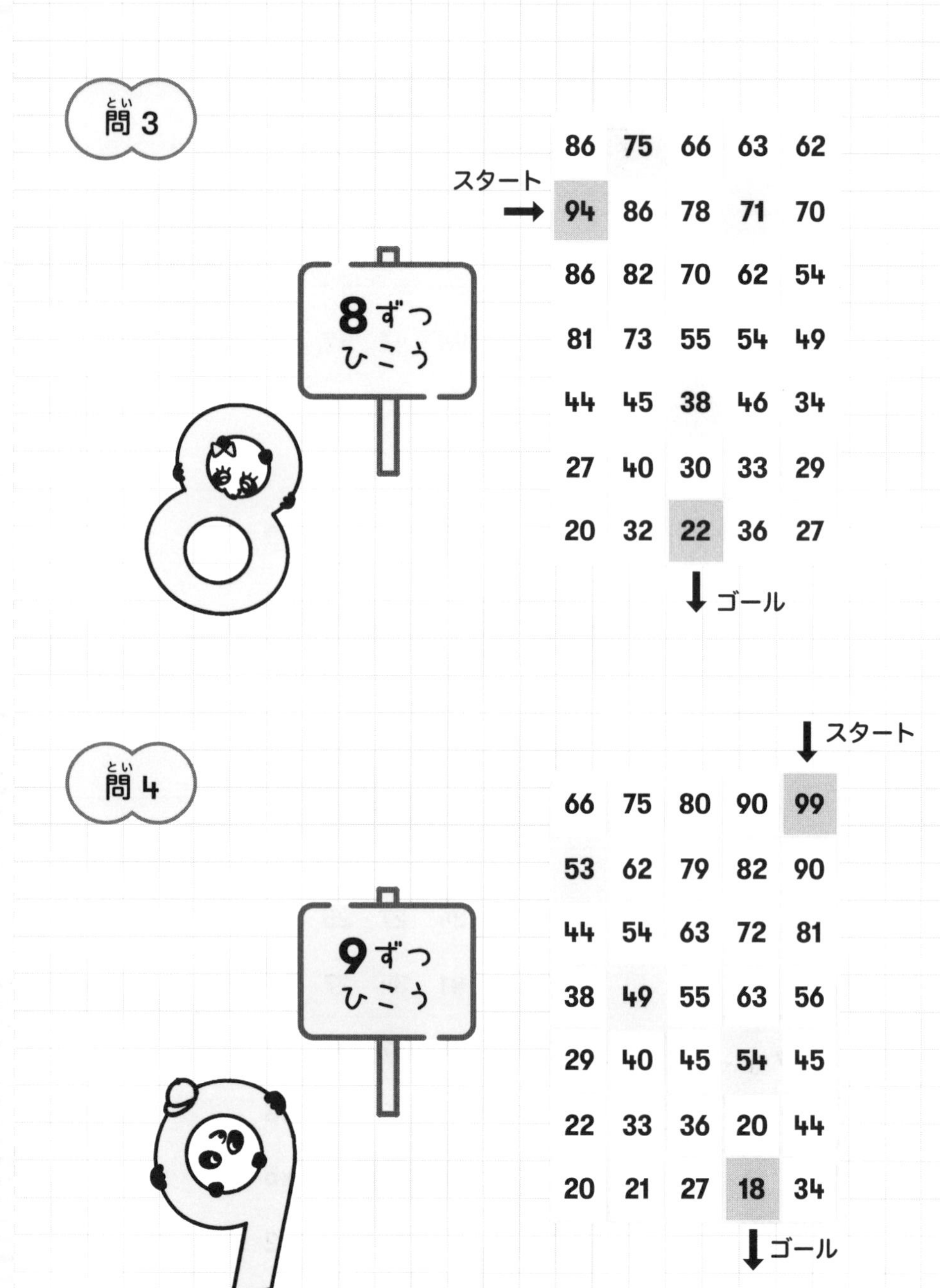

問3

スタート →（94）

86	75	66	63	62
94	86	78	71	70
86	82	70	62	54
81	73	55	54	49
44	45	38	46	34
27	40	30	33	29
20	32	22	36	27

↓ゴール（22）

問4

↓スタート（99）

66	75	80	90	99
53	62	79	82	90
44	54	63	72	81
38	49	55	63	56
29	40	45	54	45
22	33	36	20	44
20	21	27	18	34

↓ゴール（18）

パズル

STEP 裏返しパズル

ルール

❶ カードの枚数までの数が1から1つずつ書いてあるカードを裏返しにして、横1列に並べました。

❷ そのあとに偶数番目（2, 4, 6, 8）のカードを表にしました。

❸ 表にしたカードの数がその左右のカードの差（ひいた数）になるとき、カードはどのように並んでいるでしょう。

例

□ □ □ → □ 1 □ → 3 1 2

1～3までの数が1つずつ書いてある裏返しのカード → 偶数番目を表にする → 表にしたカードの数がその左右のカードの差になるため、3と2が入る

1～5までのカード

□ 

□

解答と解き方

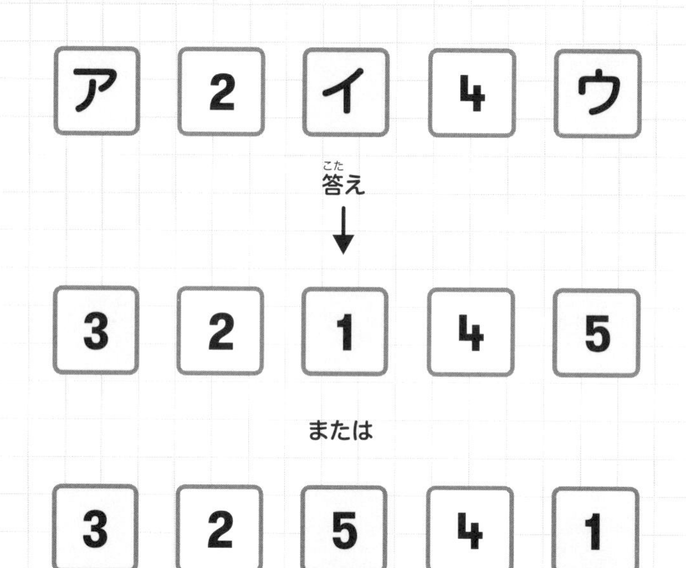

❶3つの空欄をそれぞれア、イ、ウとします。

❷まず、イ、ウから考えます。イとウの差は4なので、
イ＝1、ウ＝5もしくは、イ＝5、ウ＝1となります。

❸アとイの差は2なので、ア＝3となります。

パズル

JUMP 裏返しパズル

問1　1から5までのカード

| | 1 | | 2 | |

問2　1から7までのカード

| | 3 | | 6 | | 2 | |

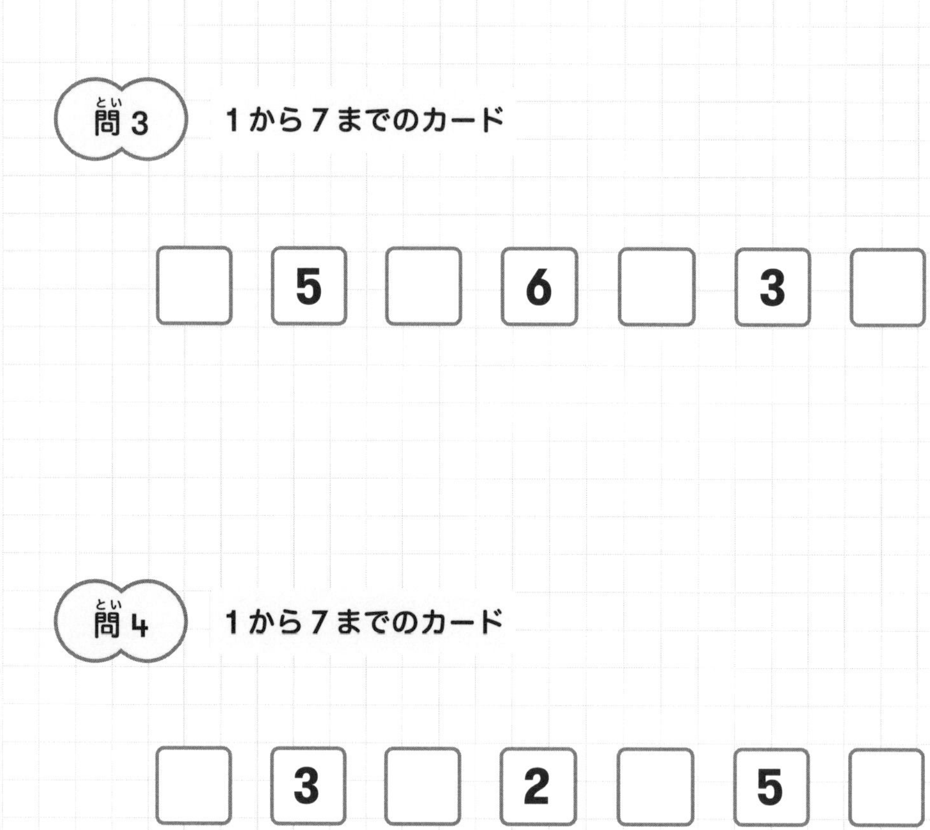
問(とい)3
1から7までのカード
5
6
3
問(とい)4
1から7までのカード
3
2
5

問(とい)5　1から9までのカード

	8		3		4		5	

問(とい)6　1から9までのカード

	5		8		2		4	

力(ちから)だめし & JUMPの解答(かいとう)

力だめし

問1

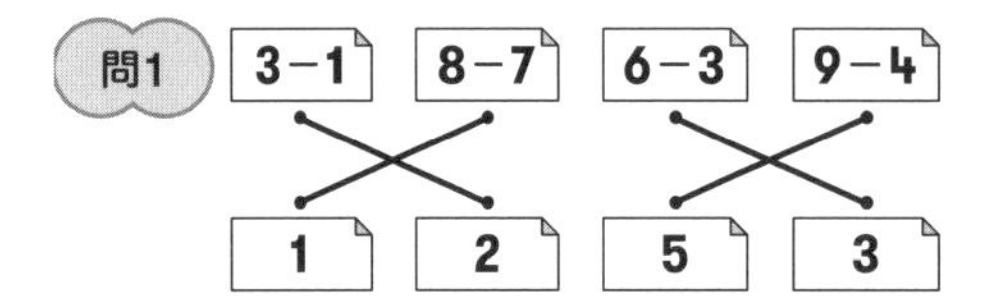

問2

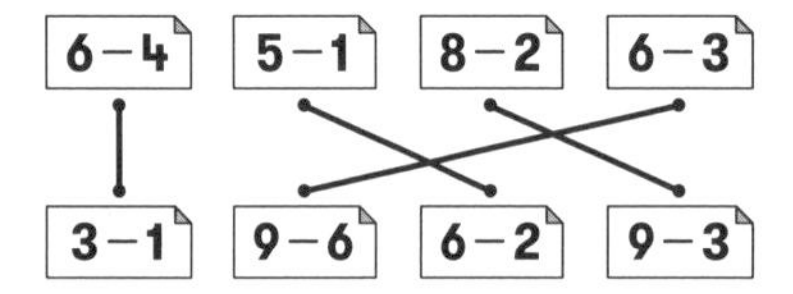

問3

（1） 9−6=3　　（2） 15−4=11

（3） 17−2=15

問4

（1） 12−6 の計算

6を 2 と 4 にわける。

12から 2 をひいて10。

10から 4 をひいて答えは 6 。

（2） 23−8 の計算

8を 3 と 5 にわける。

23から 3 をひいて20。

20から 5 をひいて答えは 15 。

問5

（1） 25　　（2） 178

（3） 668

JUMP／ひき算めいろ

問1

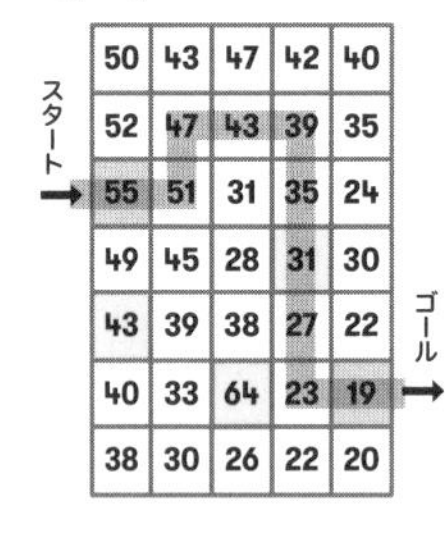

問2

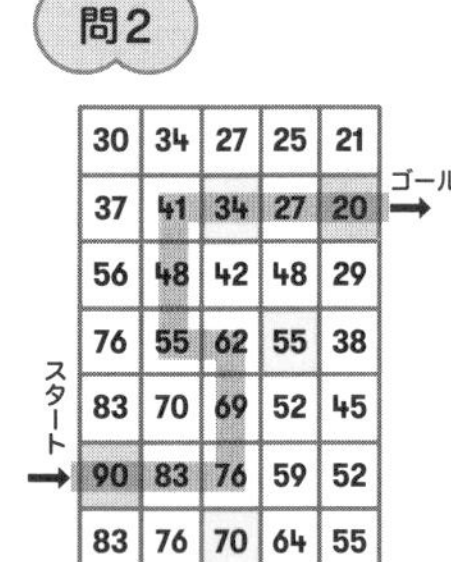

問3　問4

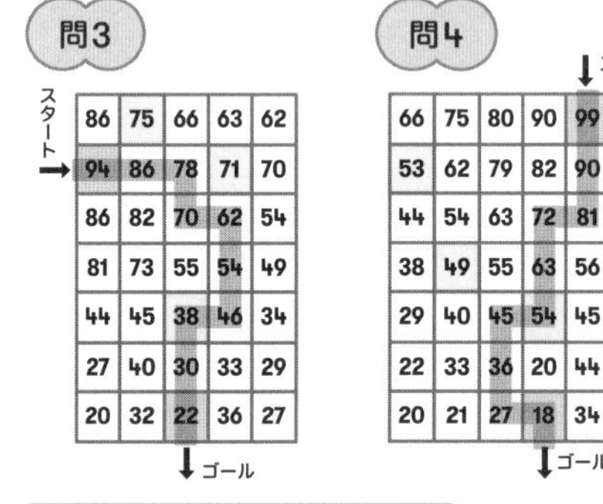

JUMP／裏返しパズル

問1　4 1 5 2 3

別解　4 1 3 2 5

問2　4 3 1 6 7 2 5

問3　2 5 7 6 1 3 4

問4　7 3 4 2 6 5 1

問5　1 8 9 3 6 4 2 5 7

問6　6 5 1 8 9 2 7 4 3

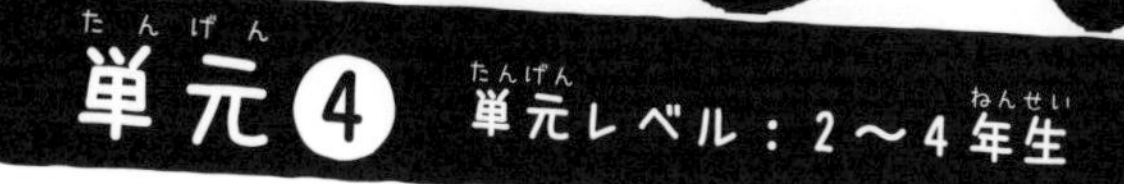

九九

この単元のゴール

- ▶九九の表から、かけ算の決まりを見つける
- ▶九九を通して、かけ算の性質を理解する

HOP 単元のまとめ

1 九九の表

		かける数								
		1	2	3	4	5	6	7	8	9
かけられる数	1	1	2	3	4	5	6	7	8	9
	2	2	4	6	8	10	12	14	16	18
	3	3	6	9	12	15	18	21	24	27
	4	4	8	12	16	20	24	28	32	36
	5	5	10	15	20	25	30	35	40	45
	6	6	12	18	24	30	36	42	48	54
	7	7	14	21	28	35	42	49	56	63
	8	8	16	24	32	40	48	56	64	72
	9	9	18	27	36	45	54	63	72	81

- かける数が 1 増えると、答えはかけられる数だけ大きくなります。
- かける数とかけられる数を入れかえても、答えは同じです。

2 九九（くく）の読（よ）み方（かた）

1の段（だん）　1ずつ増（ふ）える

$1 \times 1 = 1$（一一（いんいち）が1）

$1 \times 2 = 2$（一二（いんに）が2）

$1 \times 3 = 3$（一三（いんさん）が3）

$1 \times 4 = 4$（一四（いんし）が4）

$1 \times 5 = 5$（一五（いんご）が5）

$1 \times 6 = 6$（一六（いんろく）が6）

$1 \times 7 = 7$（一七（いんしち）が7）

$1 \times 8 = 8$（一八（いんはち）が8）

$1 \times 9 = 9$（一九（いんく）が9）

2の段（だん）　2ずつ増（ふ）える

$2 \times 1 = 2$（二一（にいち）が2）

$2 \times 2 = 4$（二二（ににん）が4）

$2 \times 3 = 6$（二三（にさん）が6）

$2 \times 4 = 8$（二四（にし）が8）

$2 \times 5 = 10$（二五（にご）　10）

$2 \times 6 = 12$（二六（にろく）　12）

$2 \times 7 = 14$（二七（にしち）　14）

$2 \times 8 = 16$（二八（にはち）　16）

$2 \times 9 = 18$（二九（にく）　18）

3の段（だん）　3ずつ増（ふ）える

$3 \times 1 = 3$（三一（さんいち）が3）

$3 \times 2 = 6$（三二（さんに）が6）

$3 \times 3 = 9$（三三（さざん）が9）

$3 \times 4 = 12$（三四（さんし）　12）

$3 \times 5 = 15$（三五（さんご）　15）

$3 \times 6 = 18$（三六（さぶろく）　18）

$3 \times 7 = 21$（三七（さんしち）　21）

$3 \times 8 = 24$（三八（さんぱ）　24）

$3 \times 9 = 27$（三九（さんく）　27）

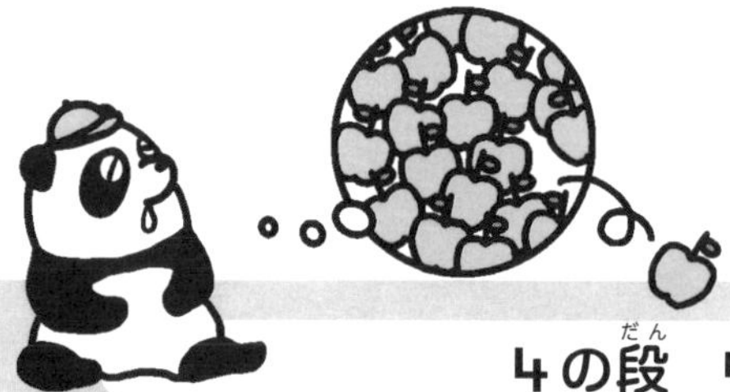

4の段(だん)　4ずつ増(ふ)える

4 × 1 = 4　(四一(しいち)が4)
4 × 2 = 8　(四二(しに)が8)
4 × 3 = 12 (四三(しさん)　12)
4 × 4 = 16 (四四(しし)　16)
4 × 5 = 20 (四五(しご)　20)
4 × 6 = 24 (四六(しろく)　24)
4 × 7 = 28 (四七(ししち)　28)
4 × 8 = 32 (四八(しは)　32)
4 × 9 = 36 (四九(しく)　36)

5の段(だん)　5ずつ増(ふ)える

5 × 1 = 5　(五一(ごいち)が5)
5 × 2 = 10 (五二(ごに)　10)
5 × 3 = 15 (五三(ごさん)　15)
5 × 4 = 20 (五四(ごし)　20)
5 × 5 = 25 (五五(ごご)　25)
5 × 6 = 30 (五六(ごろく)　30)
5 × 7 = 35 (五七(ごしち)　35)
5 × 8 = 40 (五八(ごは)　40)
5 × 9 = 45 (五九(ごっく)　45)

6の段(だん)　6ずつ増(ふ)える

6 × 1 = 6　(六一(ろくいち)が6)
6 × 2 = 12 (六二(ろくに)　12)
6 × 3 = 18 (六三(ろくさん)　18)
6 × 4 = 24 (六四(ろくし)　24)
6 × 5 = 30 (六五(ろくご)　30)
6 × 6 = 36 (六六(ろくろく)　36)
6 × 7 = 42 (六七(ろくしち)　42)
6 × 8 = 48 (六八(ろくは)　48)
6 × 9 = 54 (六九(ろっく)　54)

7の段　7ずつ増える

7 × 1 = 7　（七一が7）	7 × 6 = 42（七六　42）
7 × 2 = 14（七二　14）	7 × 7 = 49（七七　49）
7 × 3 = 21（七三　21）	7 × 8 = 56（七八　56）
7 × 4 = 28（七四　28）	7 × 9 = 63（七九　63）
7 × 5 = 35（七五　35）	

8の段　8ずつ増える

8 × 1 = 8　（八一が8）	8 × 6 = 48（八六　48）
8 × 2 = 16（八二　16）	8 × 7 = 56（八七　56）
8 × 3 = 24（八三　24）	8 × 8 = 64（八八　64）
8 × 4 = 32（八四　32）	8 × 9 = 72（八九　72）
8 × 5 = 40（八五　40）	

9の段　9ずつ増える

9 × 1 = 9　（九一が9）	9 × 6 = 54（九六　54）
9 × 2 = 18（九二　18）	9 × 7 = 63（九七　63）
9 × 3 = 27（九三　27）	9 × 8 = 72（九八　72）
9 × 4 = 36（九四　36）	9 × 9 = 81（九九　81）
9 × 5 = 45（九五　45）	

力だめし

問1 次の（　　　）に入る数字を書きましょう。

（1） 4の段の九九では、かける数が1増えると、
答えは（　　　）増えます。

（2） （　　　）の段の九九では、かける数が1増えると、
答えは6増えます。

問2 次の（　　　）に入る数字を書きましょう。

（1） 3×5の答えは3×6の答えより（　　　）小さい。

（2） 8×9の答えは8×8の答えより（　　　）大きい。

問3 次の計算をしましょう。

（1） 3×4　　（2） 2×6

（3） 2×4　　（4） 8×1

問4 次の式と同じ答えになる九九をすべて答えましょう。

（1） 2×5　　（2） 8×2

（3） 4×6　　（4） 3×6

パズル

STEP 九九ダーツ

ルール

❶ 円の中央に書かれた数字とその外側の円に書かれた数字をかけ合わせた数字が一番外側の円の数になるように、空欄に数字を書きましょう。

❷ かけられる数、かける数、積（かけ算の答え）の関係は下のようになります。

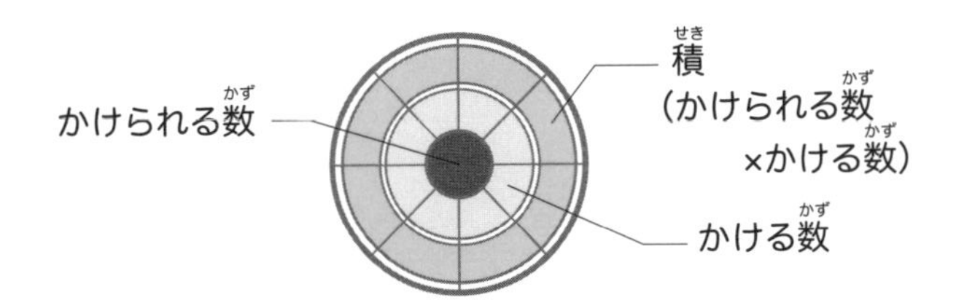

解答と解き方

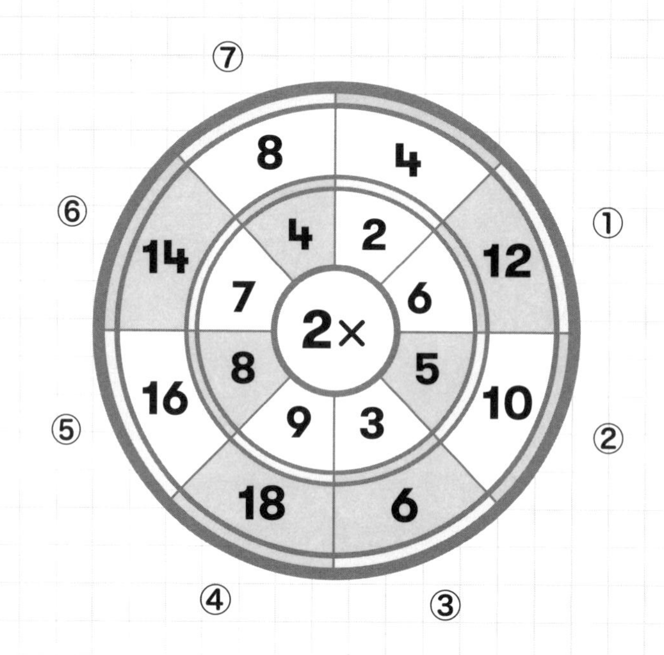

❶ ①、③、④、⑥はかける数とかけられる数がわかっているので、積を求めます。

❷ ②、⑤、⑦は、かけられる数と積がわかっているので、九九の表を使って、かける数を求めます。

❸ 2の段で積が 10 になるのは、かける数が5のとき。

❹ 2の段で積が 16 になるのは、かける数が8のとき。

❺ 2の段で積が8になるのは、かける数が4のときです。

問1

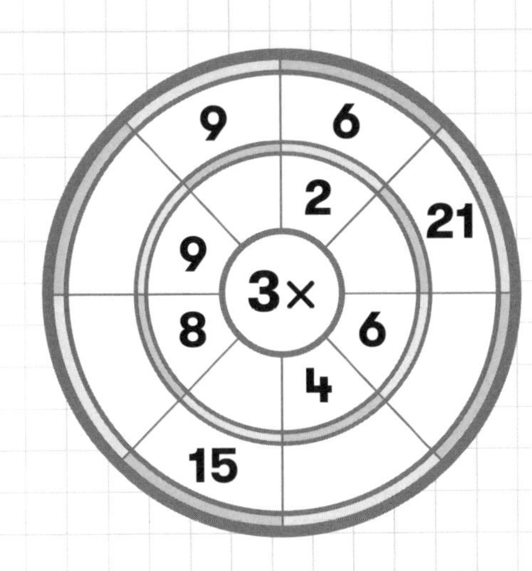

問2

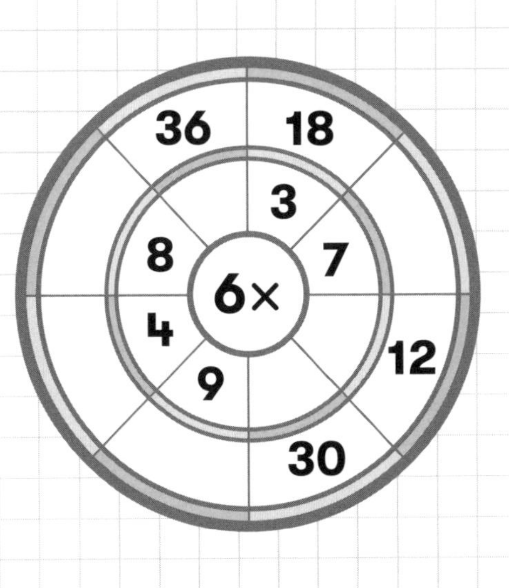

問 3

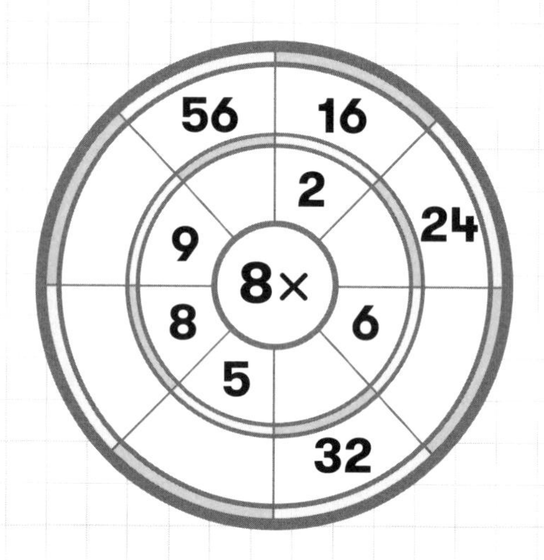
8×
56
16
2
24
9
8
6
5
32

問 4

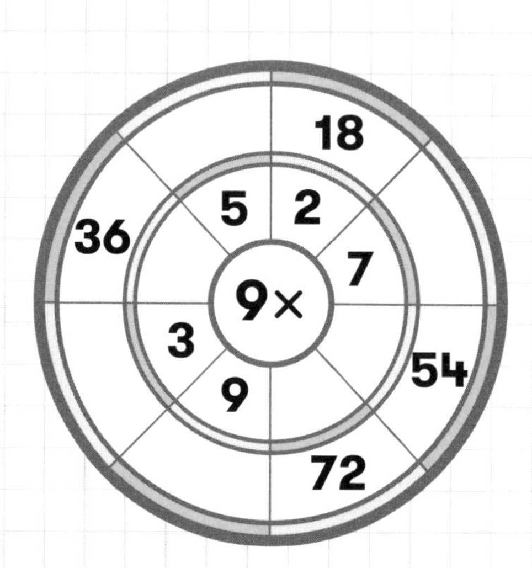
9×
18
5
2
36
7
3
54
9
72

パズル

STEP 九九めいろ

ルール

❶ スタートから九九の順にゴールまで進みます。

❷ 2の段の場合は、2 × 2 = 4、2 × 3 = 6……なので、

2 → 2 → 4 → 2 → 3 → 6 →……となります。

❸ ななめには進めません。

6	18	6	18	21
3	15	3	3	7
15	5	3	3	21
3	4	12	8	24
9	3	3	24	27 (ゴール →)
(スタート →) 3	3	5	3	9
2	6	15	3	6

解答と解き方

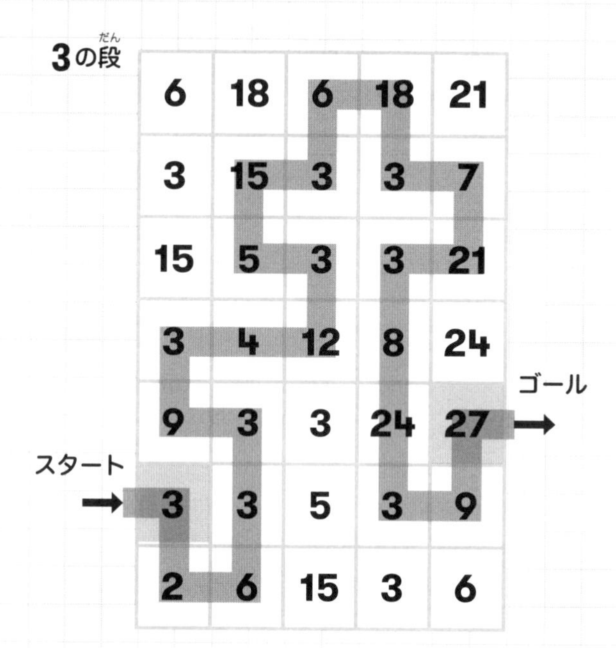

❶ 3の段は3 × 2 = 6、3 × 3 = 9……なので、
進み方は、3 → 2 → 6 → 3 → 3 → 9 →……となります。

❷ ななめには進めないことに注意しながら、
3の段の九九の順にめいろを進んでいくと、上のような答えになります。

JUMP 九九めいろ

問1

4の段

スタート ←（右上の4）

3	4	8	2	4
4	16	4	8	4
5	20	4	12	3
6	4	28	4	36
24	4	7	8	9
4	7	28	32	4
3	28	4	4	9

ゴール →（36）

問2

6	5	6	24	6
6	30	6	4	12
6	36	18	12	2
7	6	3	6	6
42	6	6	9	54
48	8	48	54	6
6	48	6	9	50

スタート ←（6）

ゴール →（54）

スタート↓

5	25	4	5	2
5	4	5	15	10
25	20	5	3	5
5	25	5	25	45
6	30	35	5	45
5	5	7	8	9
7	35	7	40	5

ゴール→

6	5	8	32	16
8	40	8	4	8
6	48	24	16	2
7	8	3	8	72
56	8	9	8	8
64	8	64	72	8
64	8	8	9	72

スタート←

ゴール→

問(とい) 5

54	9	5	9	36
6	9	45	9	4
72	6	54	27	3
8	7	9	18	9
9	63	18	2	9
8	3	9	18	2
72	9	9	81	18

スタート ←

ゴール ↓

問(とい) 6

7	49	7	8	56
7	9	7	56	7
42	6	28	7	63
35	7	4	9	63
5	4	7	21	7
7	28	7	3	21
3	7	14	2	7

ゴール →

スタート ←

力だめし & JUMPの解答

力だめし

問1　（1）　4　　（2）　6

問2

（1）　3　　（2）　8

問3

（1）　3×4＝12　（2）　2×6＝12

（3）　2×4＝8　（4）　8×1＝8

問4

（1）　5×2　（2）　2×8、4×4

（3）　3×8、6×4、8×3

（4）　2×9、6×3、9×2

JUMP／九九ダーツ

問1

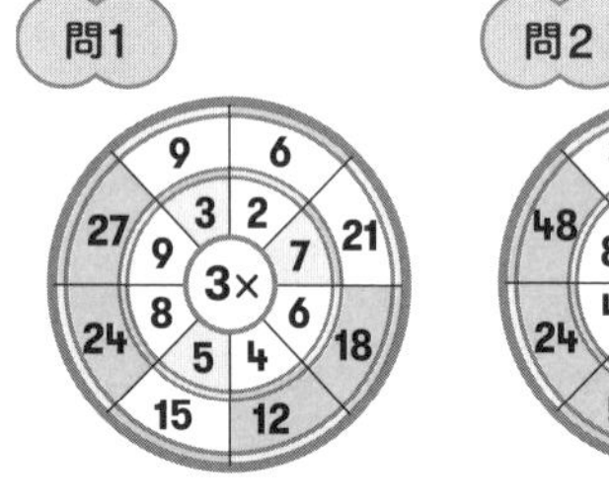

問2

6×

36　18　42　12　30　54　24　48

6　3　7　2　5　9　4　8

問3　問4

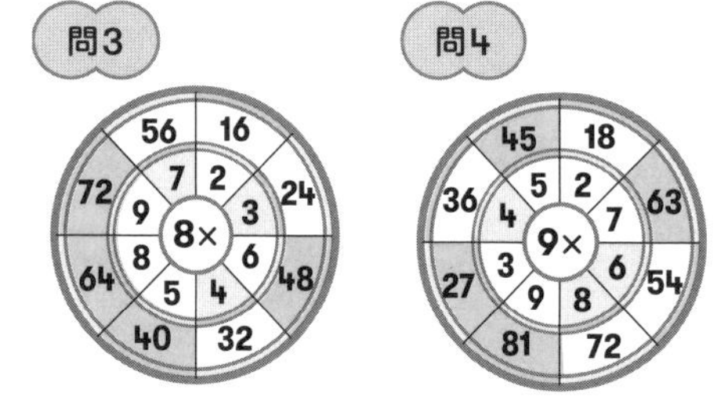

JUMP／九九めいろ

問1

3	4	8	2	4
4	16	4	8	4
5	20	4	12	3
6	4	28	4	36
24	4	7	8	9
4	7	28	32	4
3	28	4	4	9

問2

6	5	6	24	6
6	30	6	4	12
6	36	18	12	2
7	6	3	6	6
42	6	6	9	54
48	8	48	54	6
6	48	6	9	50

問3

5	25	4	5	2
5	4	5	15	10
25	20	5	3	5
5	25	5	25	45
6	30	35	5	45
5	5	7	8	9
7	35	7	40	5

問4

6	5	8	32	16
8	40	8	4	8
6	48	24	16	2
7	8	3	8	72
56	8	9	8	8
64	8	64	72	8
64	8	8	9	72

問5

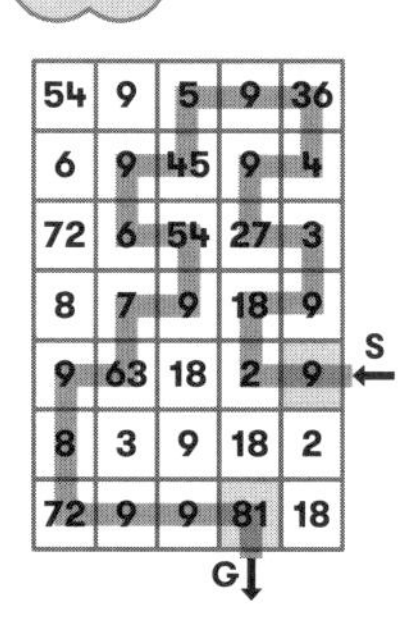

問6

7	49	7	8	56
7	9	7	56	7
42	6	28	7	63
35	7	4	9	63
5	4	7	21	7
7	28	7	3	21
3	7	14	2	7

単元5　単元レベル：2～4年生

整数のかけ算

この単元のゴール
- 3ケタ×3ケタのかけ算ができるようになる
- 筆算での「くり上げ」をマスターする

レッスン

HOP 単元のまとめ

1 かけ算のしくみ

かけられる数　×　かける数　＝　積（かけ算の答え）

にんじん４本

にんじん４本

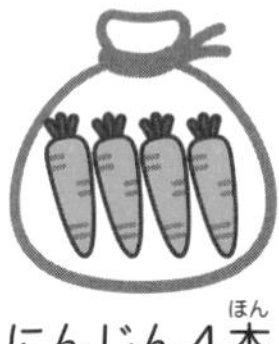

にんじん４本

にんじん４本

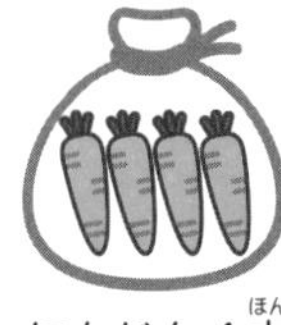

にんじん４本

4 × 5 ＝ 20

4つのにんじんが入っているふくろが5つある場合、にんじんは合計で20本あります。

2 2ケタ×1ケタの筆算

13 × 7

$$\begin{array}{r} 13 \\ \times \quad 7 \\ \hline {}^{2}1 \end{array} \quad \longrightarrow \quad \begin{array}{r} 13 \\ \times \quad 7 \\ \hline 9{}^{2}1 \end{array}$$

❶ 7×3 = 21

一の位の数字は下に書き、

十の位の数字はくり上げる。

❷ 7 × 1 = 7

2がくり上げてあるので、

7 + 2 = 9。

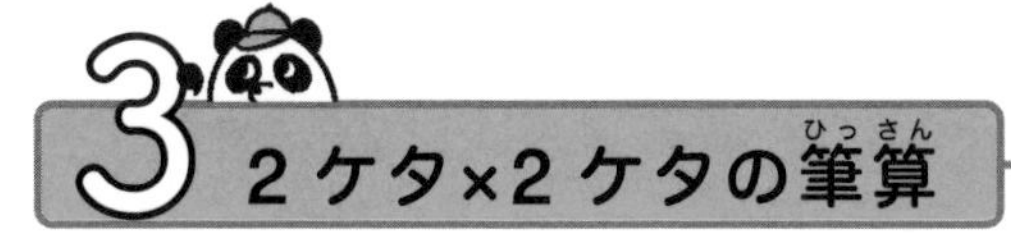

3 2ケタ×2ケタの筆算

53 × 41

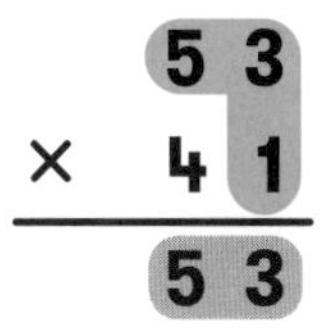

```
   53
×  41
─────
   53
```

```
   53
×  41
─────
   53
 21¹2
```

```
   53
×  41
─────
   53
 212
─────
 2173
```

❶53 × 1 の筆算をする。

❷53 × 4の筆算をする。書くときはケタを1つ左にずらして書く。

❸上下の数字をたす。

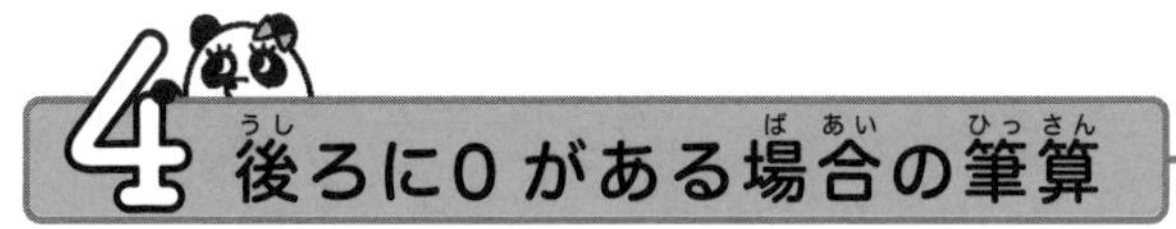

4 後ろに0がある場合の筆算

420 × 800

```
   42¦0
×  8¦00
───────
     ¦
```

```
   42¦0
×  8¦00
───────
 33¹6¦
```

```
   42¦0
×  8¦00
───────
 336¦000
```

❶ 筆算をするとき、0以外の数字を右にそろえる。

❷ 42 × 8の筆算をする。0の下に数字を書かないように注意。

❸ 0の数だけつけたす。

力(ちから)だめし

問(とい) 1

□にあてはまる数(かず)を書(か)きましょう。

（1） $10 \times 2 =$ □　　（2） $60 \times 4 =$ □

（3） $80 \times 9 =$ □　　（4） $50 \times 10 =$ □

（3） $20 \times 60 =$ □　　（6） $90 \times 700 =$ □

問(とい) 2

□にあてはまる数(かず)を書(か)きましょう。

（1） $14 \times 4 =$ □　　（2） $23 \times 3 =$ □

（3） $62 \times 2 =$ □　　（4） $81 \times 3 =$ □

問3　□にあてはまる数を書きましょう。

(1)　$27 \times 3 =$ □　　(2)　$84 \times 2 =$ □

問4　□にあてはまる数を書きましょう。

(1)　$55 \times 7 =$ □　　(2)　$23 \times 8 =$ □

(3)　$35 \times 4 =$ □　　(4)　$43 \times 6 =$ □

問5　□にあてはまる数を書きましょう。

(1)　$33 \times 11 =$ □　　(2)　$21 \times 43 =$ □

問 6

□にあてはまる数を書きましょう。

（1） 485 × 91 = □　　（2） 57 × 286 = □

問 7

□にあてはまる数を書きましょう。

（1） 6391 × 72 = □　　（2） 2327 × 87 = □

（3） 5610 × 20 = □　　（4） 2240 × 30 = □

問 8

□にあてはまる数を書きましょう。

（1） 174 × 651 = □　　（2） 664 × 740 = □

パズル

STEP かけ算の三角形の頂点

ルール

❶ 下の例のように、三角形のそれぞれの頂点の○の中に書いた数の積を□の中に書きます。

例

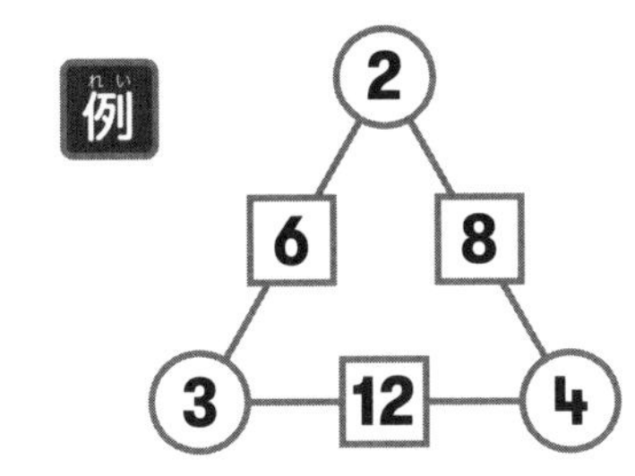

❷ 下の図の○の中に、それぞれ当てはまる数を書きましょう。

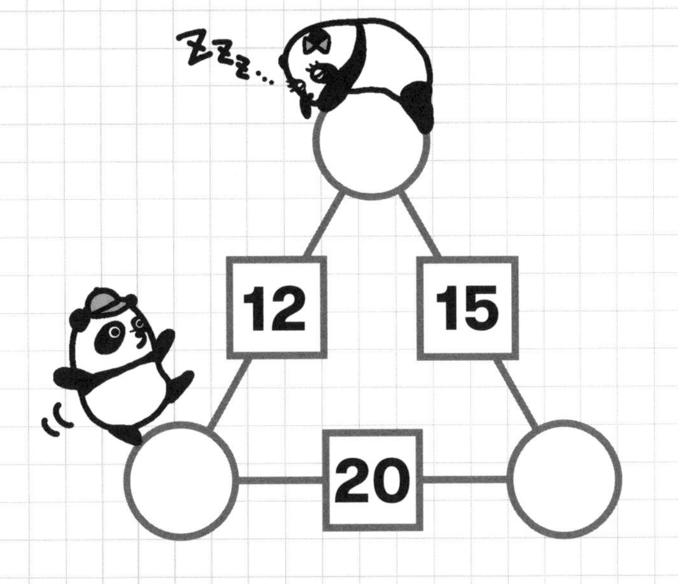

単元5 整数のかけ算 ❷～❹年生 STEP▼かけ算の三角形の頂点

解答と解き方

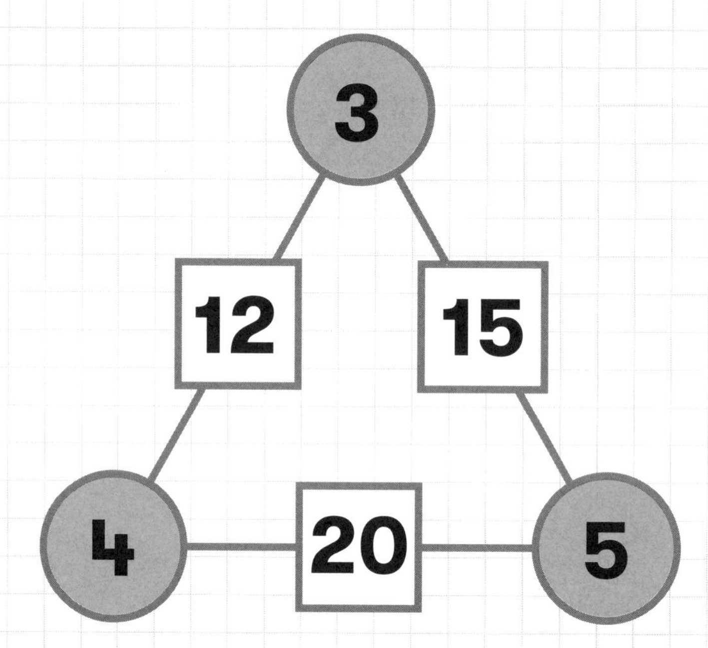

❶12は「1 × 12」、「2 × 6」、「3 × 4」

15は「1 × 15」、「3 × 5」

20は「1 × 20」、「2 × 10」、「4 × 5」とそれぞれ表せます。

❷上の●には、12と15に共通の数「3」が入ります。

❸左下の●には、12と20に共通の数「4」が入ります。

❹右下の●には、15と20に共通の数「5」が入ります。

❺よって、3 × 4 = 12、4 × 5 = 20、5 × 3 = 15　となります。

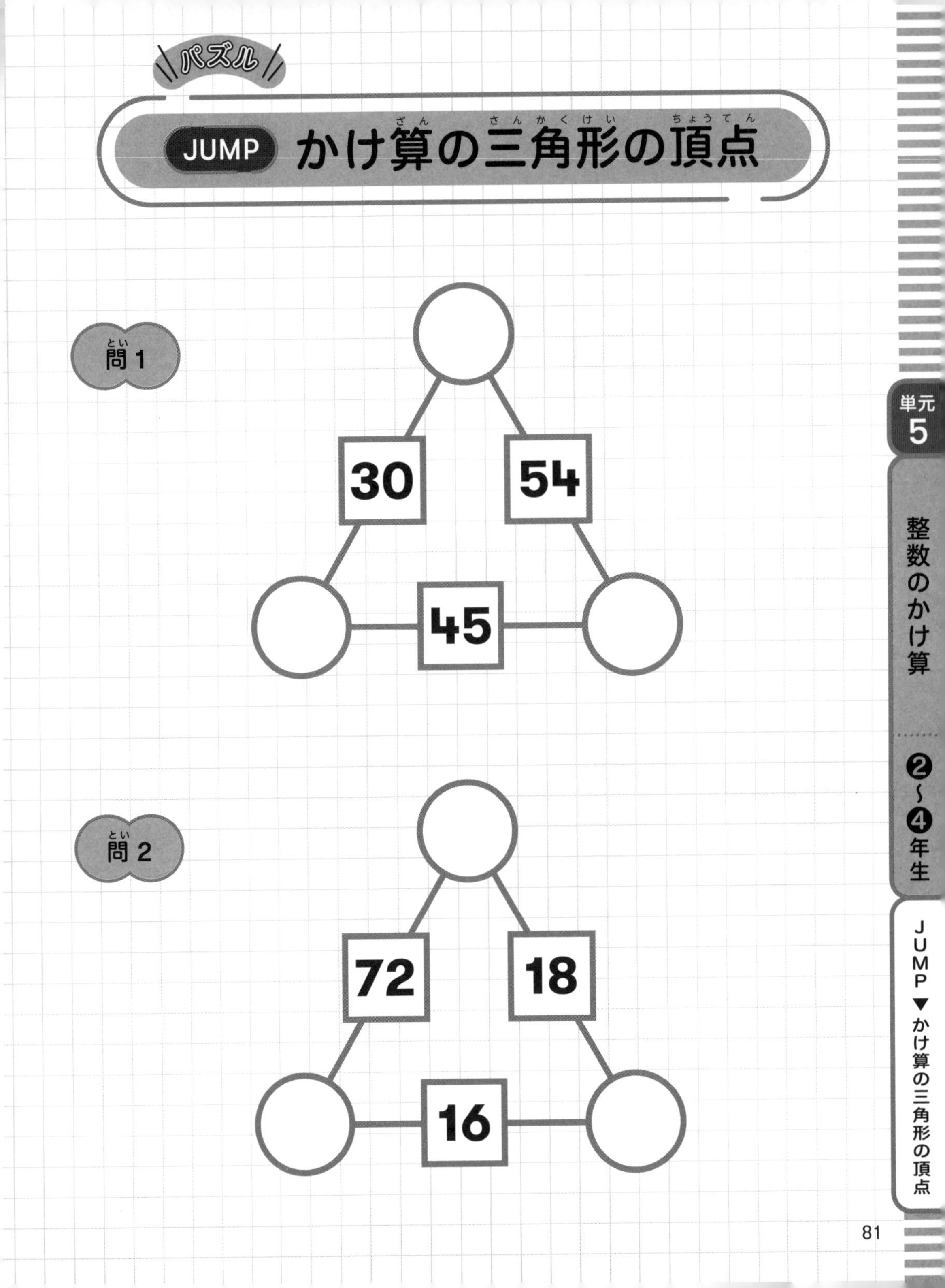
パズル
JUMP かけ算の三角形の頂点
問1
30
54
45
問2
72
18
16
単元 5
整数のかけ算
❷〜❹年生
JUMP▼かけ算の三角形の頂点

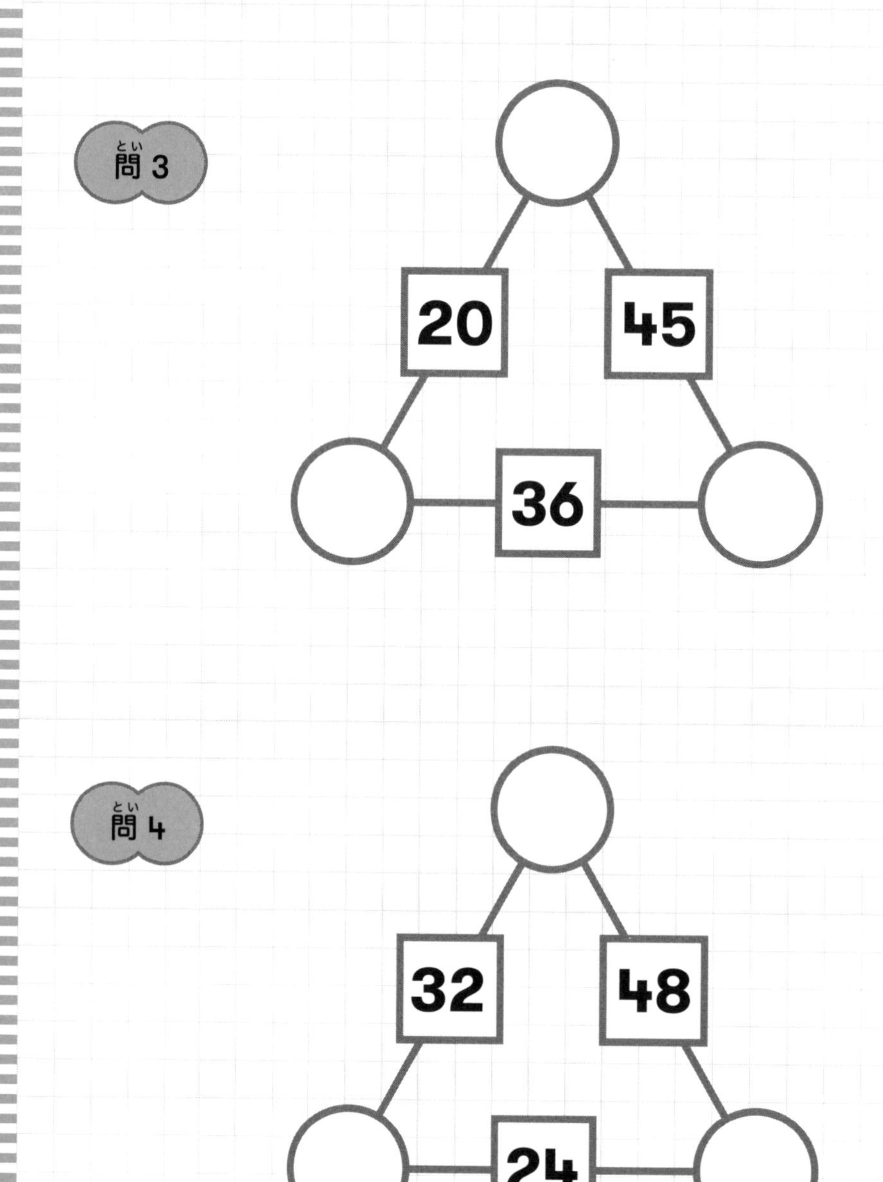

問3
20
45
36
問4
32
48
24

パズル

STEP タテヨコにかける

ルール

❶ 空(あ)いているマスの中には、1から9の数字(すうじ)が入(はい)ります。

❷ タテの方向(ほうこう)にかけると上(うえ)の数字(すうじ)に、ヨコの方向(ほうこう)にかけると左(ひだり)の数字(すうじ)になります。

❸ 同(おな)じ列(れつ)の2つのマスの中に同(おな)じ数字(すうじ)を入(い)れてはいけません。

解答と解き方

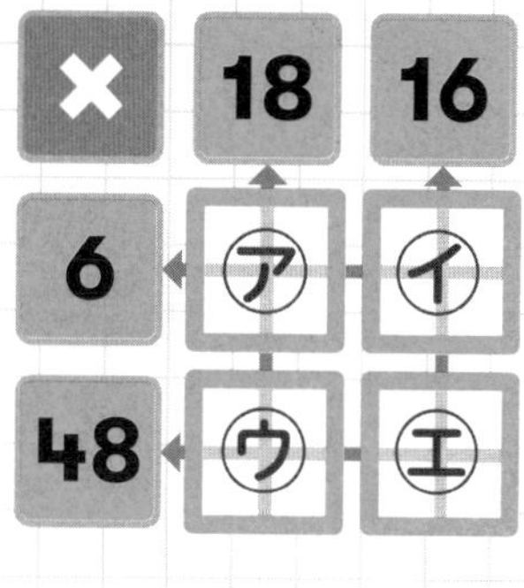

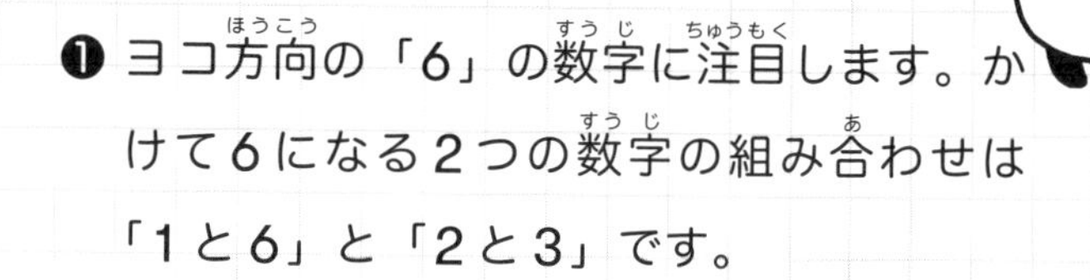

❶ ヨコ方向の「6」の数字に注目します。かけて6になる2つの数字の組み合わせは「1と6」と「2と3」です。

❷ アに1、イに6を入れてみます。6の倍数に16はないので、あてはまりません。

×

×	18	16
6	6	1
48	3	16

❸ アに6、イに1を入れてみます。
タテの計算を完成させるためには、ウには3が、エには16が入ります。
3 × 16 = 48なので、タテ・ヨコすべての計算が成り立ちます。しかし、ア～エは1 ～ 9のため、答えではありません。

❹ アに 2、イに3を入れてみます。
3の倍数に16はないので、あてはまりません。

○

×	18	16
6	3	2
48	6	8

❺ アに 3、イに2を入れてみます。
タテの計算を完成させるためには、ウには6が、エには8が入ります。
6 × 8 = 48 なので、タテ・ヨコすべての計算が成立します。

パズル

JUMP タテヨコにかける

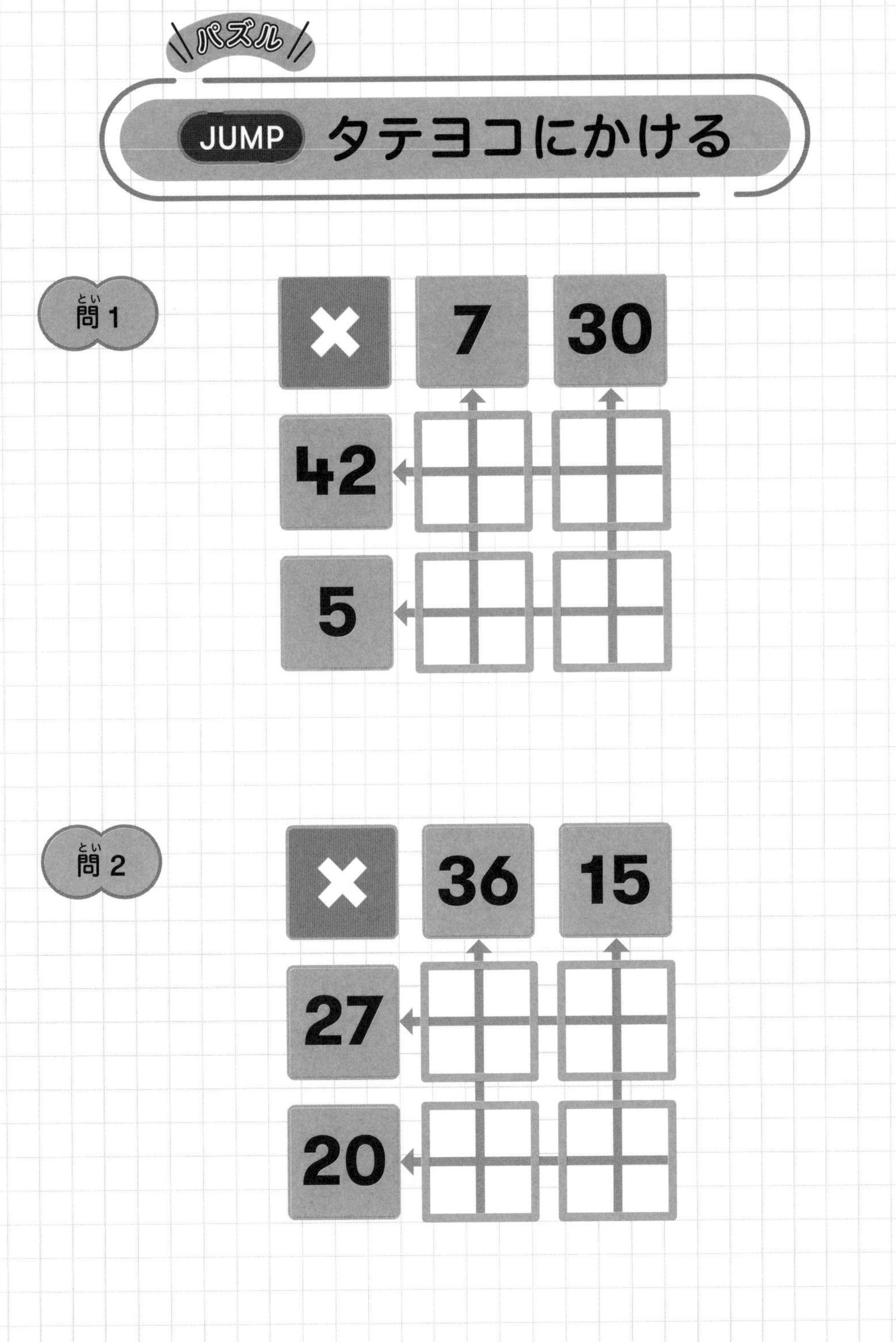

問3

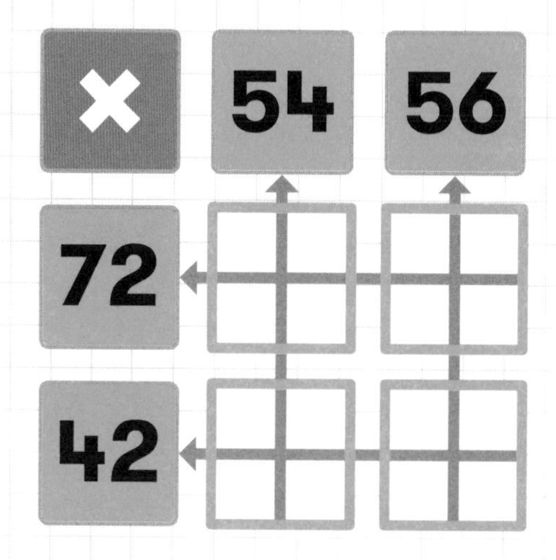

問4

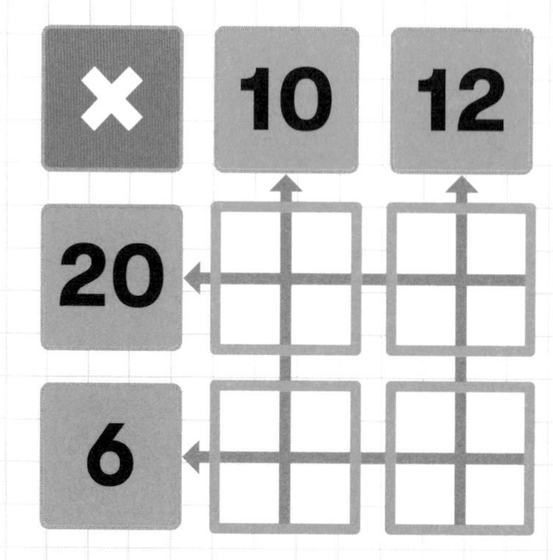

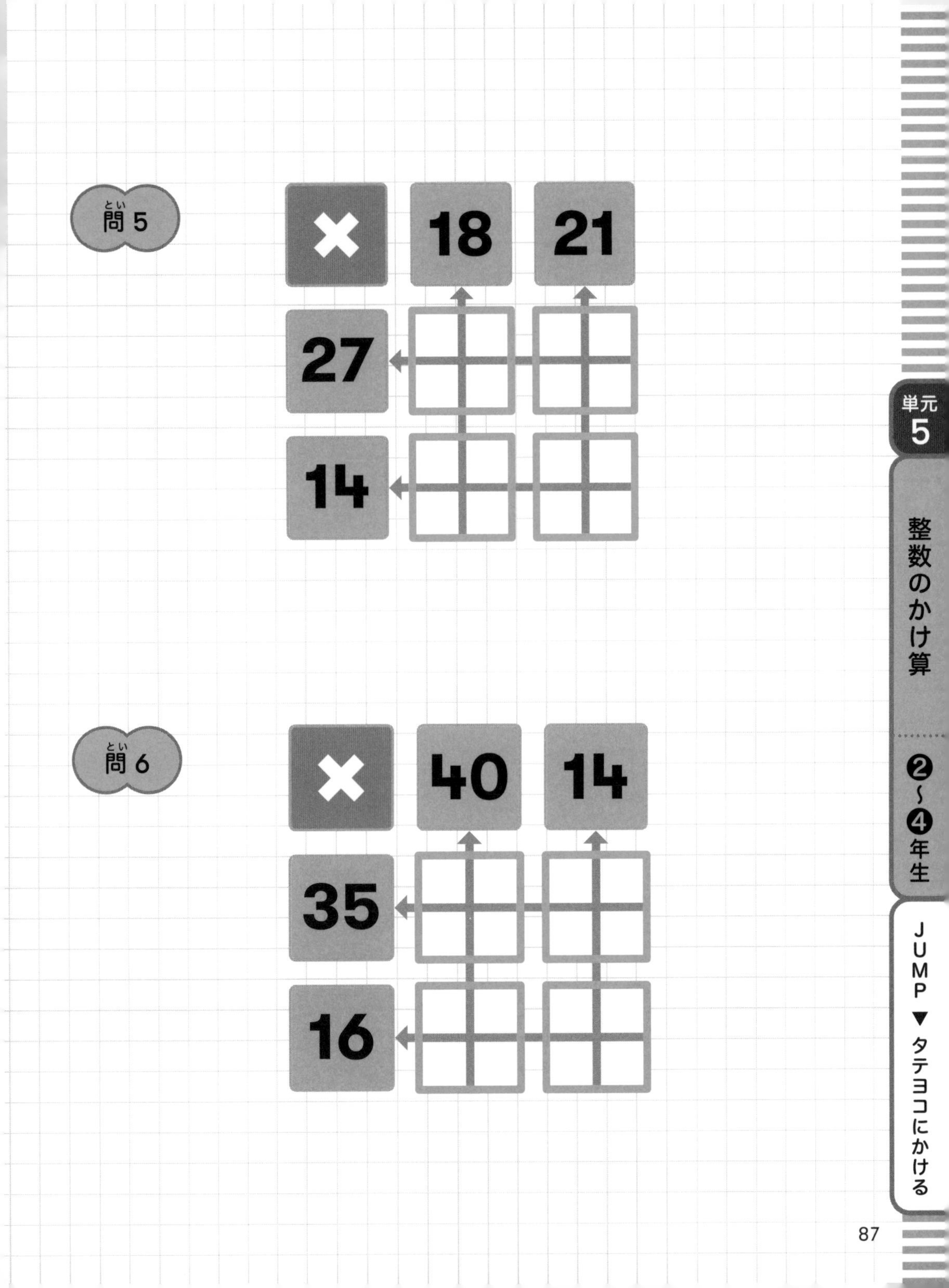
問5
×
18
21
27
14
問6
×
40
14
35
16
単元
5
整数のかけ算
❷〜❹年生
JUMP ▼ タテヨコにかける

力だめし & JUMPの解答

力だめし

問1 （1）20　（2）240　（3）720

（4）500　（5）1200（6）63000

問2

（1）56 （2）69 （3）124 （4）243

問3

（1）81 （2）168

問4

（1）385（2）184（3）140（4）258

問5

（1）363 （2）903

問6

（1）44135 （2）16302

問7

（1）460152 （2）202449

（3）112200（4）67200

問8

（1）113274 （2）491360

JUMP／かけ算の三角形の頂点

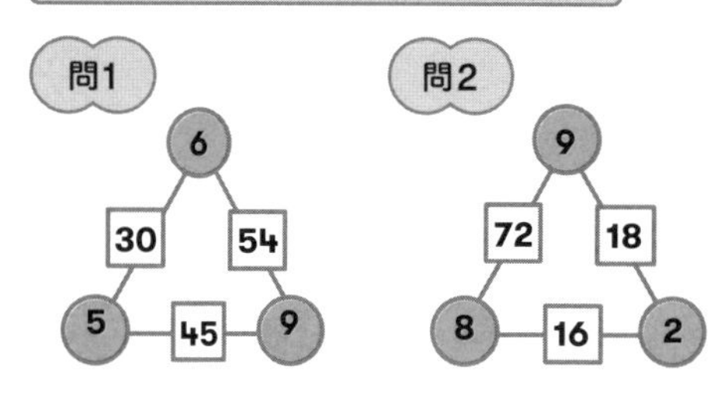

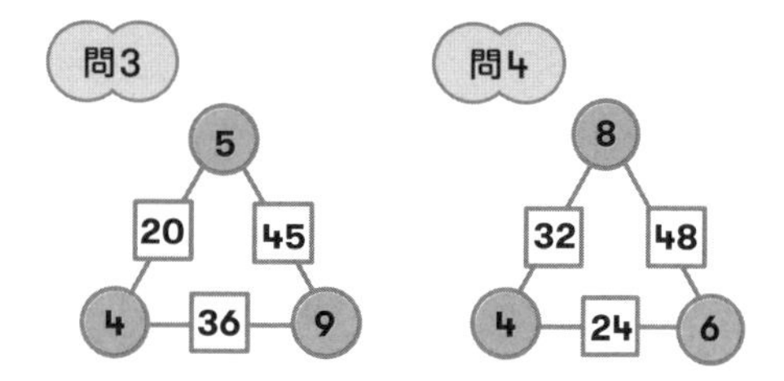

JUMP／タテヨコにかける

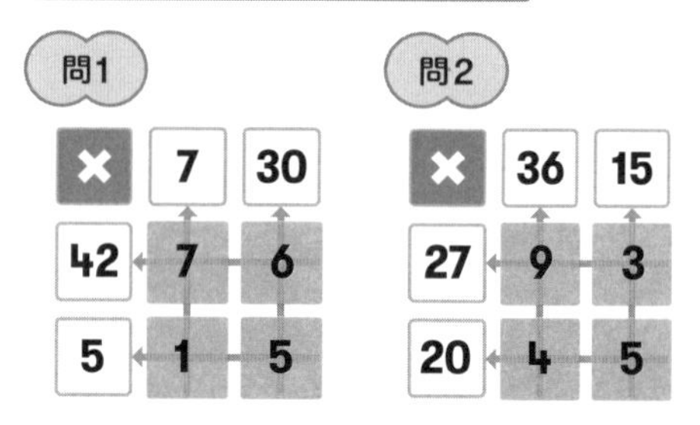

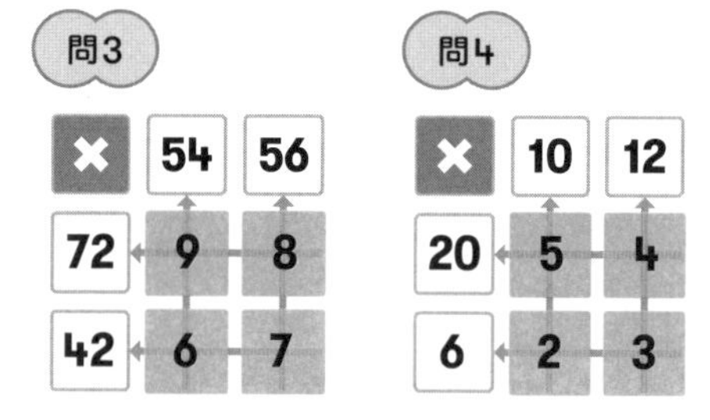

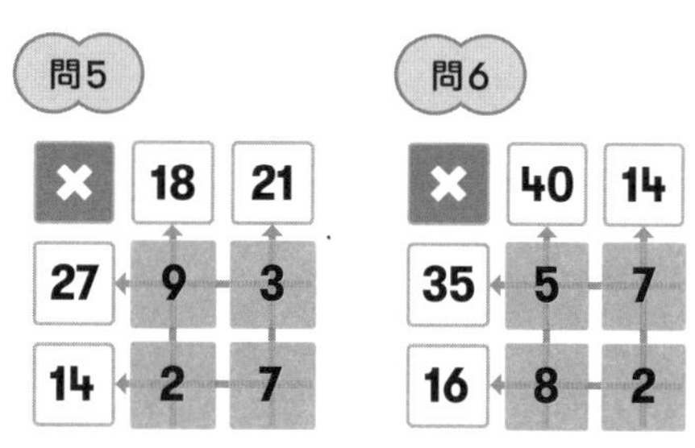

単元6 単元レベル：1〜2年生

なんじなんぷん

この単元のゴール

▶時計を見て、時間が言えるようになる
▶短針と長針のメモリの読み方をマスターする

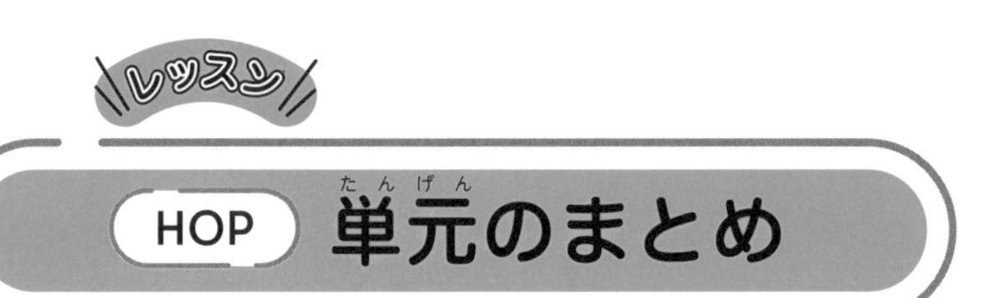

1 時計の針の役割

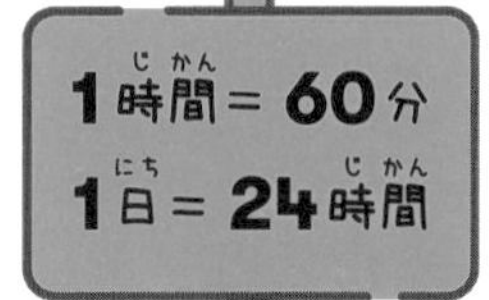

- 時計には「短針」と「長針」があります。
  時間は「短針の指す数字」を、
  分は「長針の指すメモリ」を読みます。
- 長針は1時間で1周します。
- 短針は12時間で1周します。

時間：5時15分

2 時間の読み方

● 短針が数字と数字の間にある時は、手前の小さい方の数字を読みます。

1と2の間にあるので
1時

9と10の間にあるので
9時

3 分の読み方

● 長針は1メモリずつ、0から59まで読みます。
数字をそのまま読まないように注意しましょう。

30分

18分

30分は「半」とも言います。

4 時刻の読み方

短針は 4、
長針は進んでいないので
時刻は、4 時（4：00）

30
短針は 9 と 10 の間、
長針は 30 進んでいるので
時刻は、9 時半（9：30）

短針は 8 と 9 の間、
長針は 21 進んでいるので
時刻は、8 時 21 分（8：21）

短針は 10 と 11 の間、
長針は 55 進んでいるので
時刻は、10 時 55 分（10：55）

5 時間のたし方

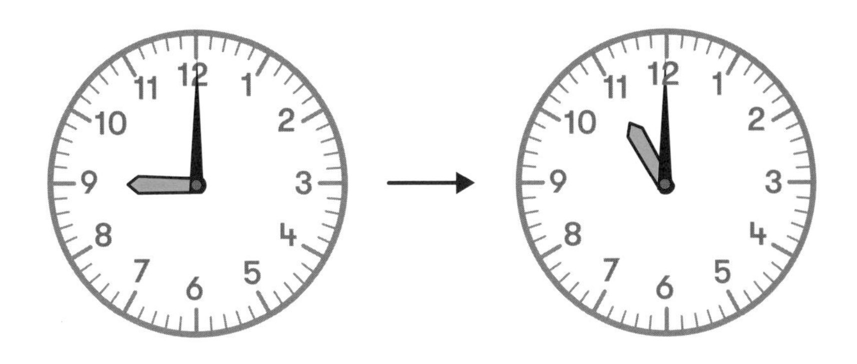

＜9時の2時間後＞

9時＋2時間＝11時

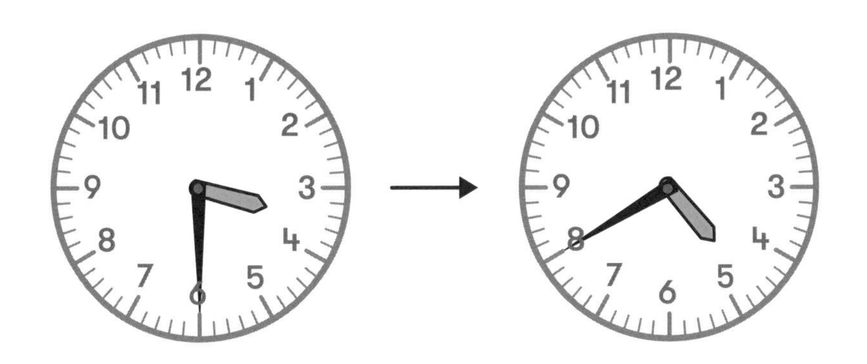

＜3時30分の1時間10分後＞

3時30分＋1時間10分＝4時40分

時と分、それぞれの単位ごとに計算します。

力だめし

問 1

次の時計は何時何分ですか。
（　　）の中に時刻を書きましょう。

（1）

（　　　　）

（2）

（　　　　）

（3）

（　　　　）

問 2

☐ の時間がたったあとは何時何分ですか。
（　　）の中に時刻を書きましょう。

（1）

（　　　　）

（2）

7時間15分

（　　　　）

（3）

2時間25分

（　　　　）

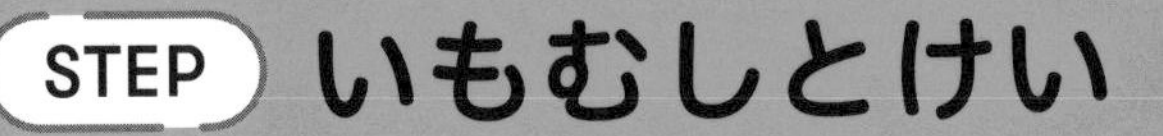

パズル STEP いもむしとけい

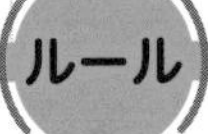

❶ 時計が □ 内の時間ずつ進むように、下のいもむしの中に長針と短針を書きましょう。

❷ 左から右に行くほど時間が進みます。

解答と解き方

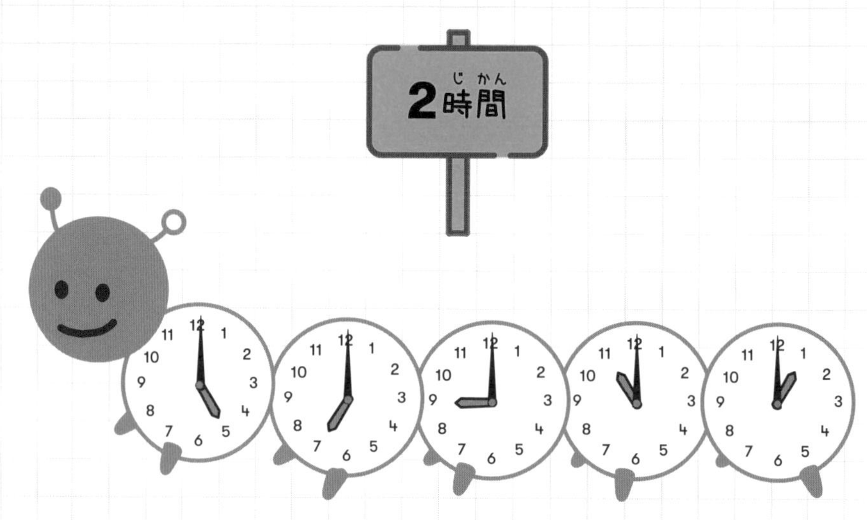

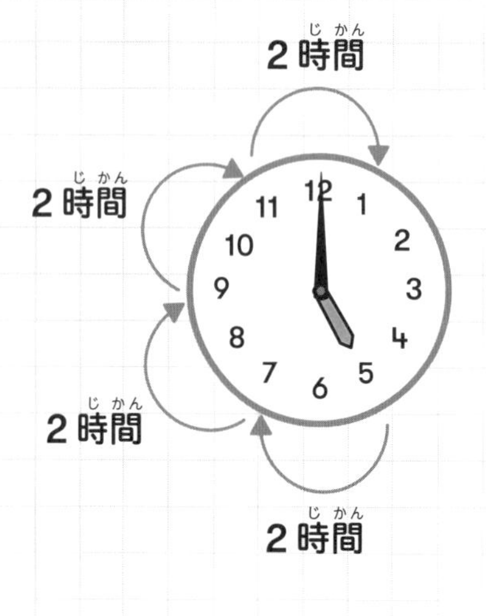

2 時間ずつ進むので、
短針だけを 2 つずつ進めます。

パズル

JUMP いもむしとけい

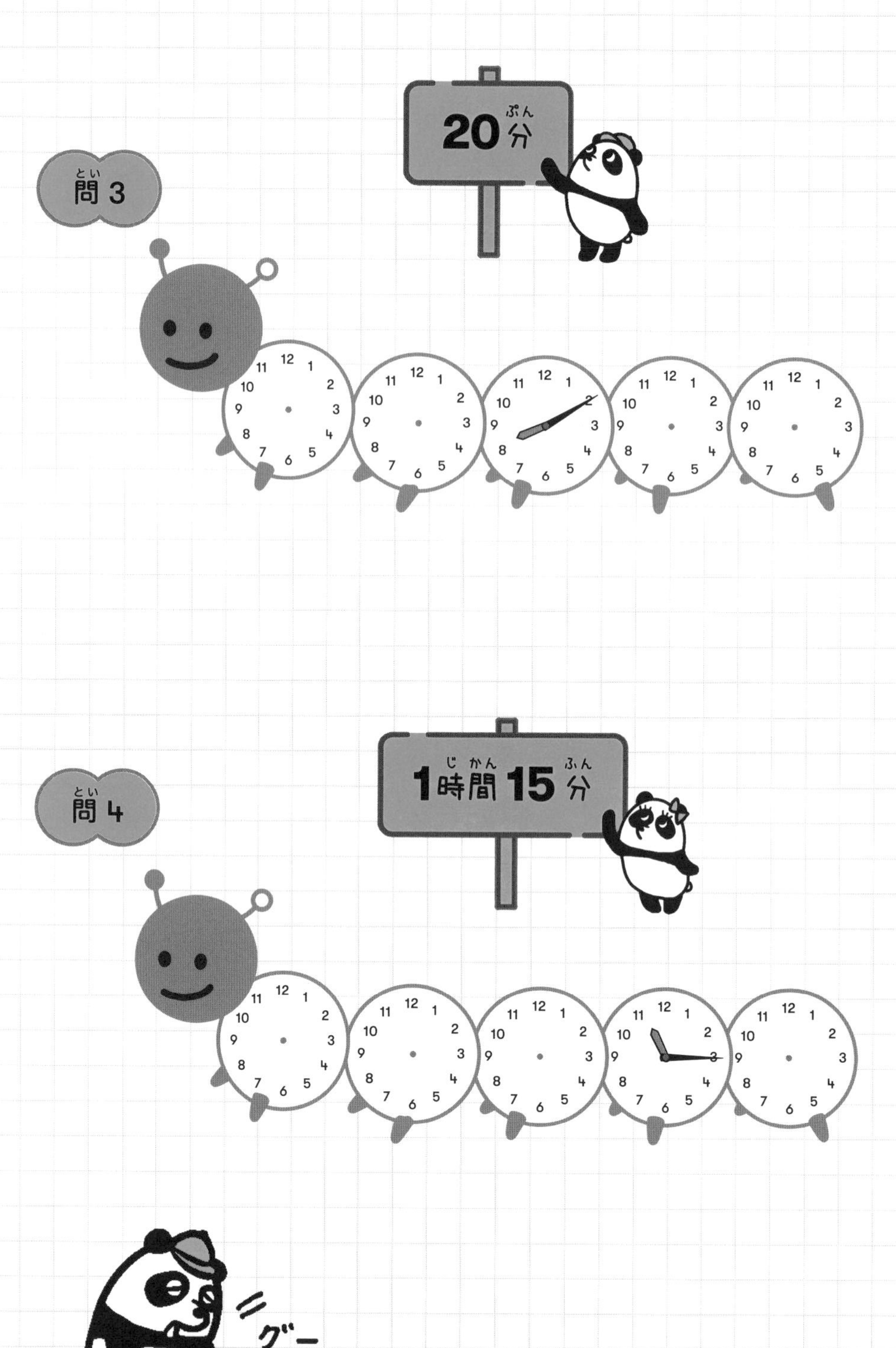
問3
20分
問4
1時間15分
グー

STEP お月見とけい

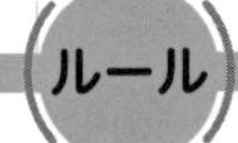

❶ 左右となり合った 2 つの時計の時間をたすと、その上にある時計の時間になります。

❷ 正しい時間になるように、時計の針を書きましょう。

下の 2 つの時計が 4 時と 5 時15分を指しているので、上の時計は 9 時15分になります。

解答と解き方

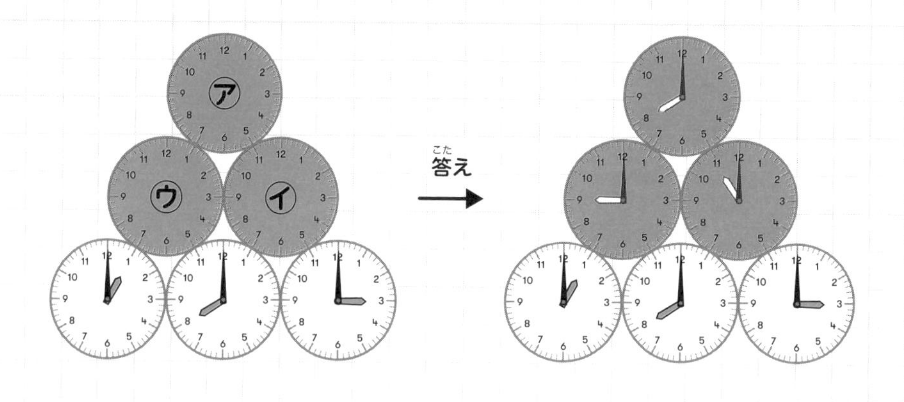

❶まず、イが何時かを考えます。イの下にある2つの時計はそれぞれ8時と3時を指しているので、8時＋3時＝11時になります。

❷次にウが何時かを考えます。ウの下にある2つの時計はそれぞれ1時と8時を指しているので、1時＋8時＝9時になります。

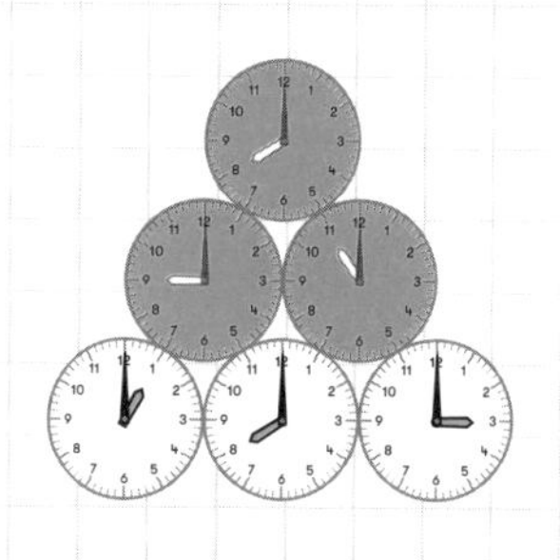

❸最後に、アが何時かを考えます。アの下にある2つの時計は❶、❷より、それぞれ9時と11時を指しているので、9時＋11時＝20時になります。時計は12時間で1周するので、20時は1周と8時間ということになります。よって、アは8時になります。

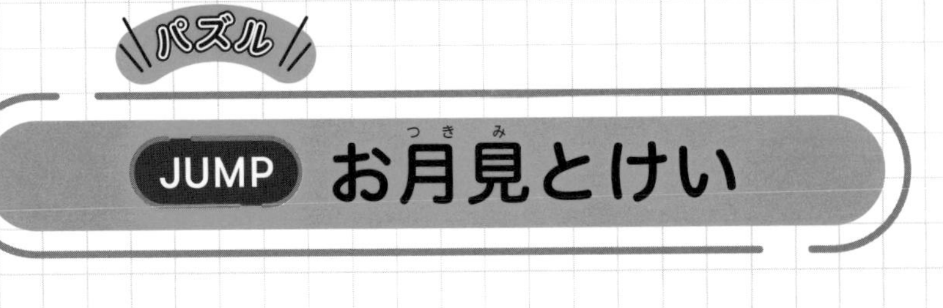

JUMP お月見とけい

問1

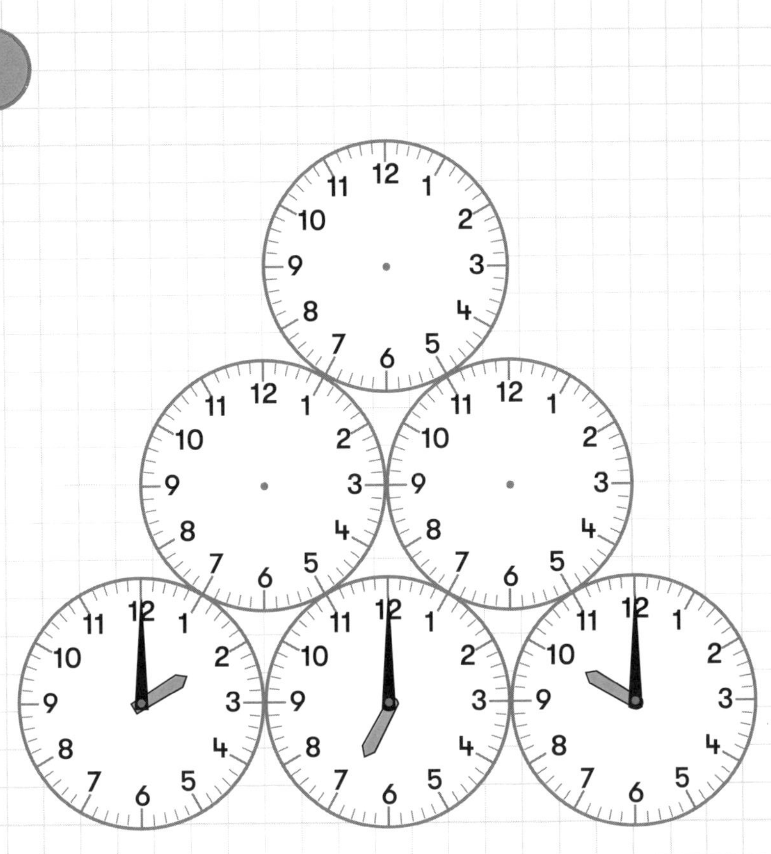

問2

問3

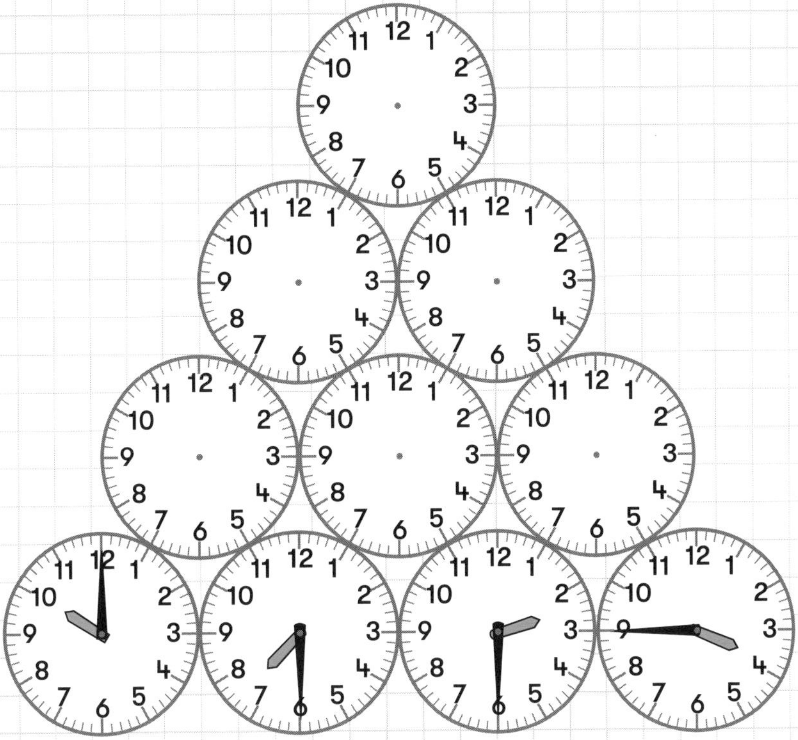

力(ちから)だめし & JUMPの解答(かいとう)

力だめし

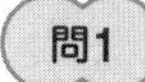

問1　（1）7時15分

（2）8時50分　（3）1時30分

問2

（1）10時30分　（2）1時30分

（3）11時

JUMP／いもむしとけい

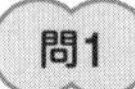

問1

問2

問3

問4

JUMP／お月見とけい

問1

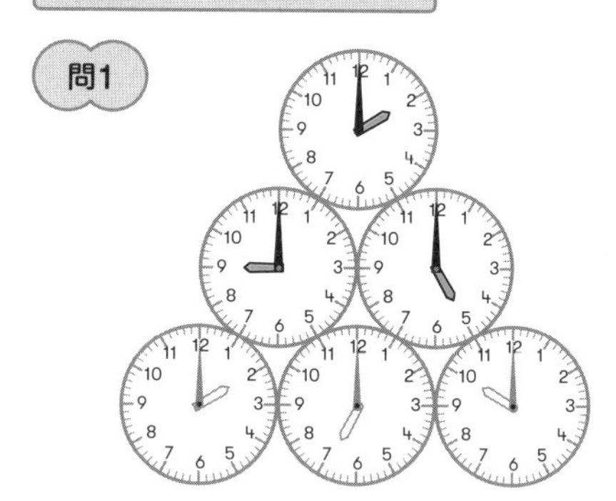

問2

問3

単元7 単元レベル：2年生

三角形と四角形

この単元のゴール

- 三角形とは何かを説明できるようになる
- 四角形とは何かを説明できるようになる

三角形とは　「3本の直線で囲まれた形」のことをいいます。

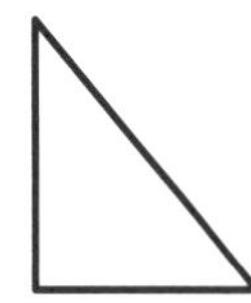

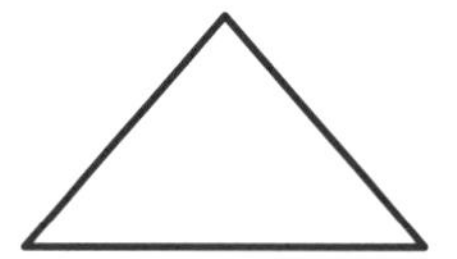

四角形とは　「4本の直線で囲まれた形」のことをいいます。

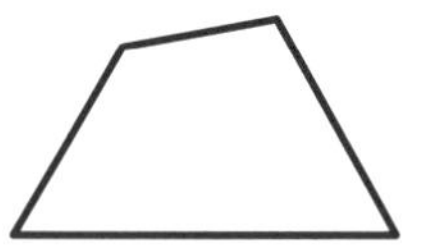
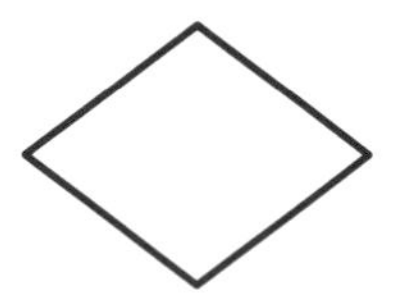

直線の部分を「辺」といい、点の部分を「頂点」といいます。

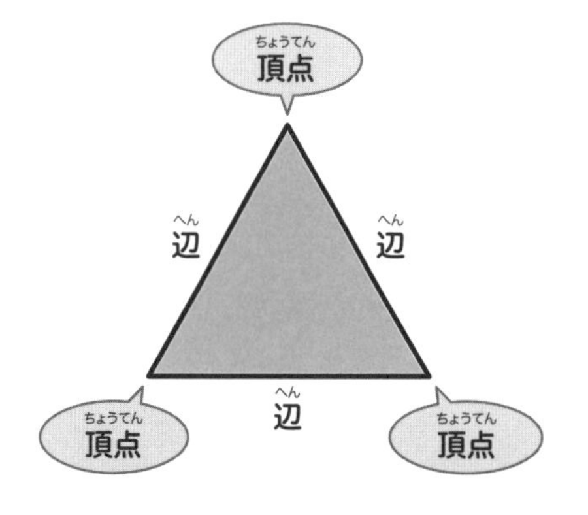

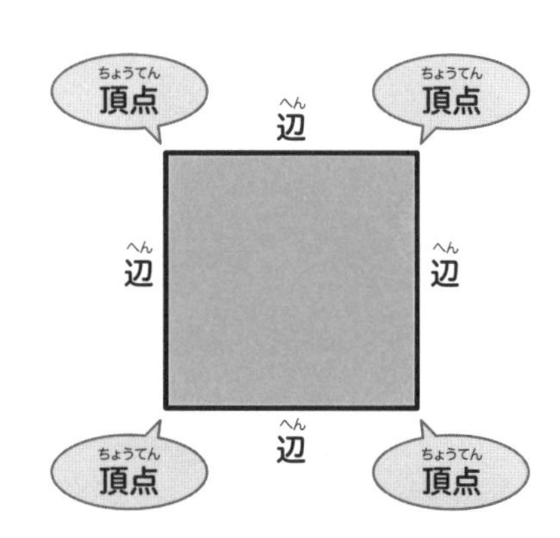

1 三角形の書き方

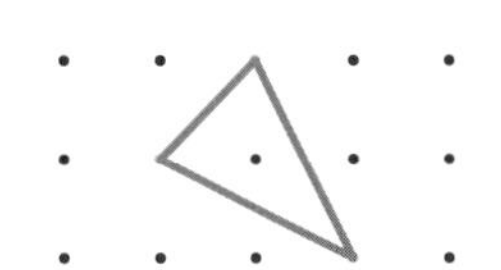

❶頂点を 3 つ選ぶ　❷3 つの頂点を直線で結ぶ

2 四角形の書き方

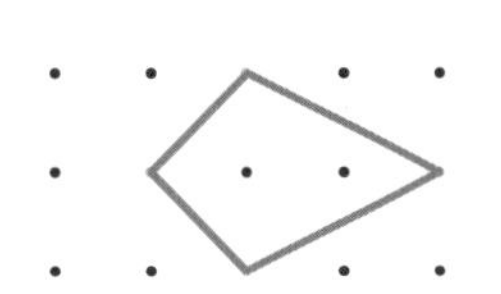

❶頂点を 4 つ選ぶ　❷4 つの頂点を直線で結ぶ

3 四角形から三角形を作る

❶向かい合う頂点を結ぶ

❷辺と頂点を結ぶ

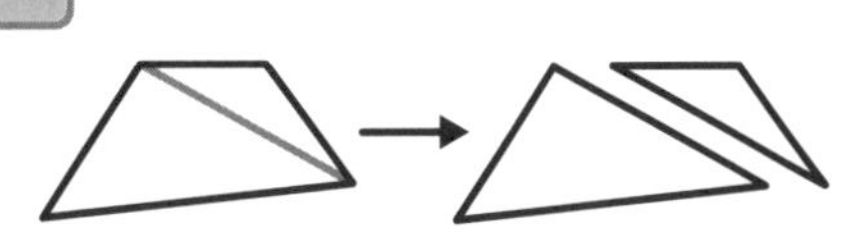

このとき向かい合った頂点をつないだ直線のことを「対角線」といいます。

4 四角形から四角形を作る

辺と頂点を結ぶ

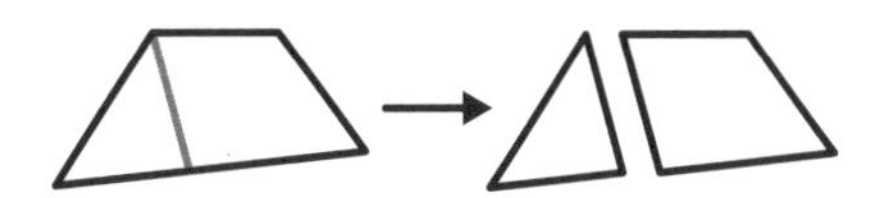

5 4つの三角形

正三角形

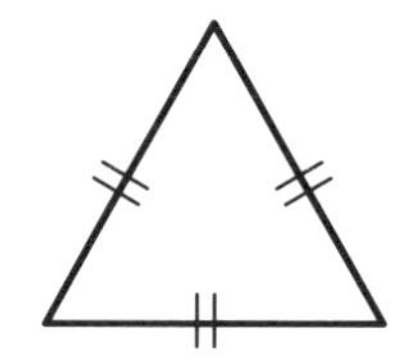

3つの辺の長さが等しく、3つの角の大きさが等しい三角形

二等辺三角形

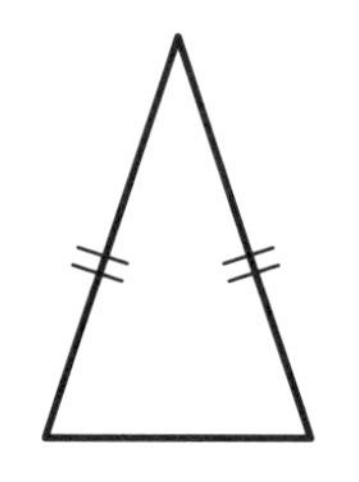

2つの辺の長さが等しい三角形

直角三角形

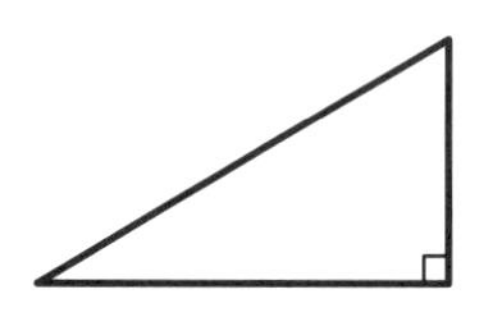

1つの角が直角になる三角形

直角二等辺三角形

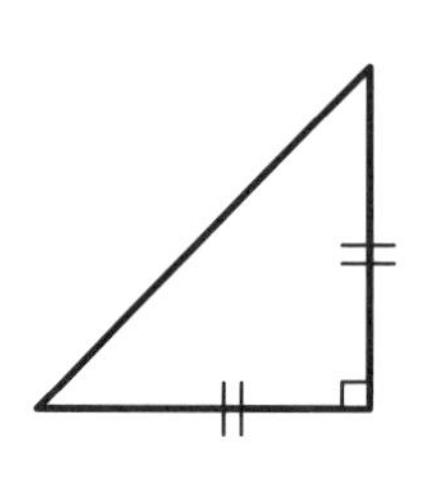

2つの辺の長さが等しく、その2つの辺の間の角が直角である三角形

6 5つの四角形

正方形

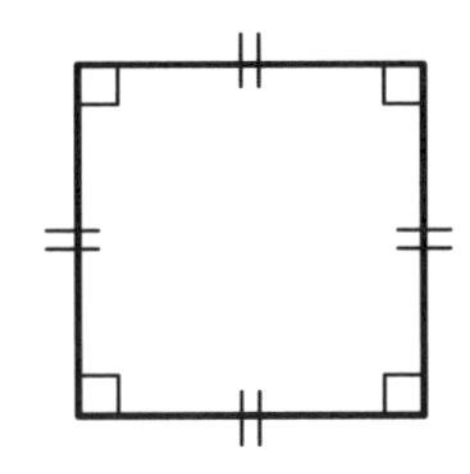

4つの辺の長さが等しく、4つの角がすべて直角の四角形

長方形

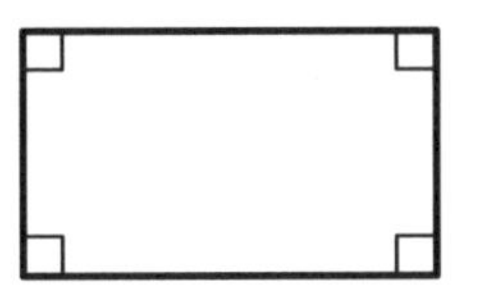

4つの角がすべて直角の四角形

ひし形

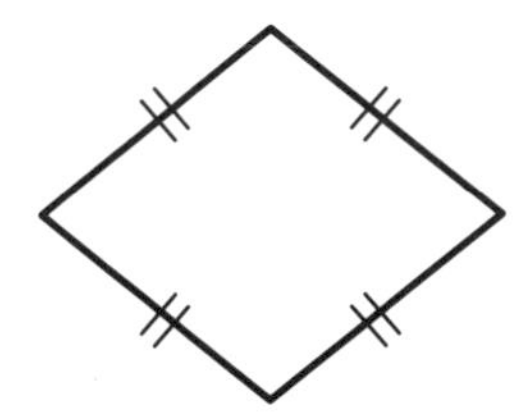

4つの辺の長さが等しい四角形

平行四辺形

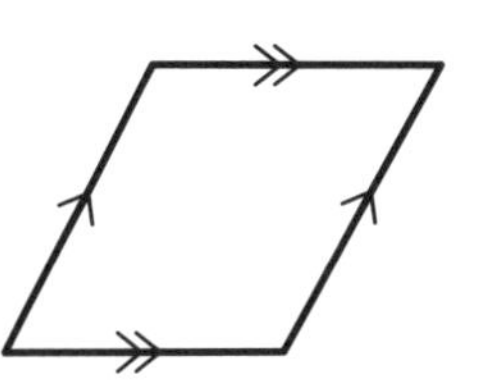

2組の向かい合う辺がそれぞれ平行な四角形

台形

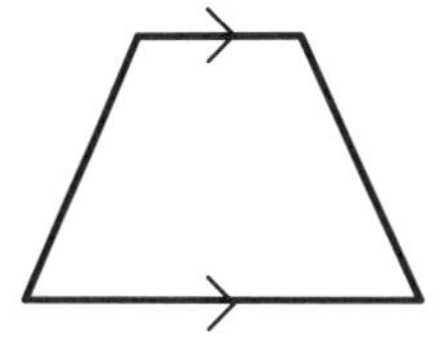

1組の向かい合う辺が平行な四角形

7 内角の和

三角形や四角形のとなり合った二辺が作る、図形の内側に向いた角のことを「内角」と言います。

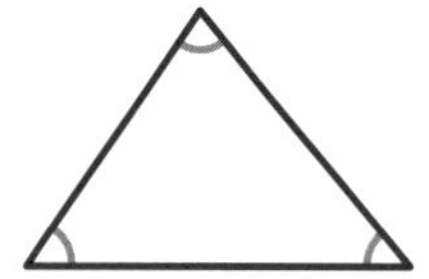

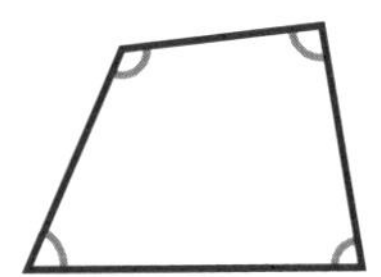

三角形の　**内角の和は180°**　になります。

四角形の　**内角の和は360°**　になります。

8 図形の記号

直角を表す記号

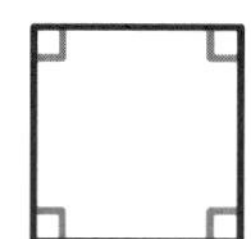

直角に交わる二つの辺の間に

□ をはさむ。

角度が等しいことを表す記号

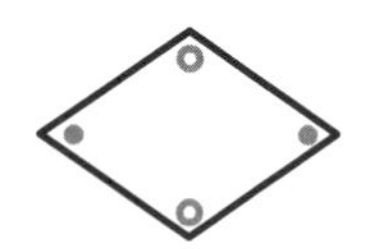

同じ角度である角に ○ や● 、×など、

同じ記号を書く。

平行を表す記号

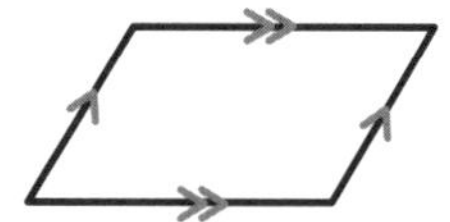

平行な辺に ＞ を同じ数だけつける。

辺の長さが等しいこと表す記号

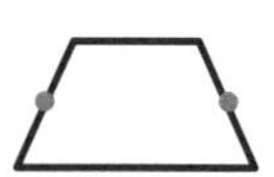

同じ長さである辺に ○ や● 、×など、

同じ記号を書く。

力だめし

形と四角形を

四角形を１つ

正三角形に当てはまる文を

て等しい。

等しい。

ひし形に当てはまる文を

行である。

（２） ４つの角がすべて直角である。

（３） すべての辺の長さが等しい。

（４） １組の向かい合う辺が平行である。

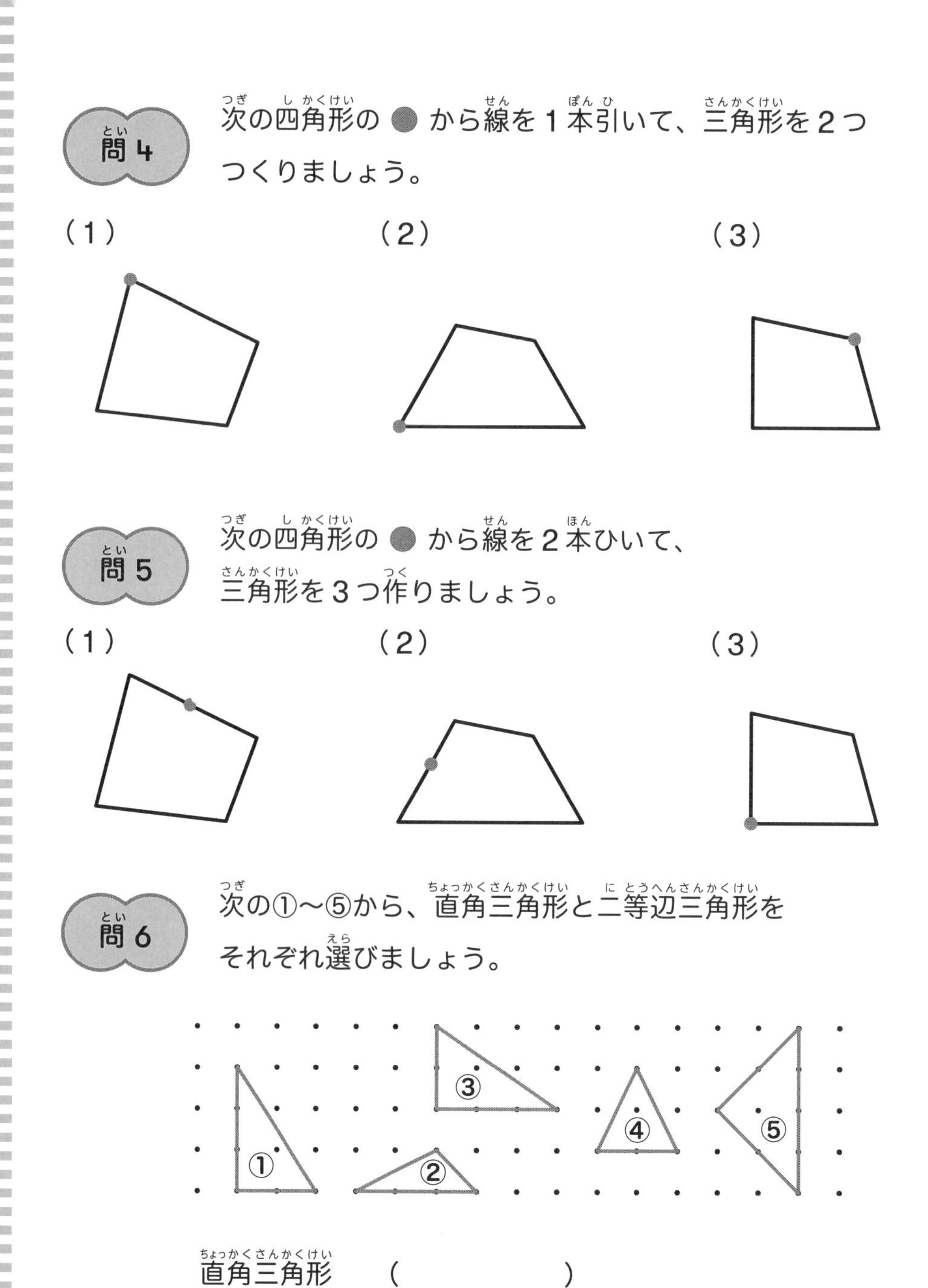

問4

次の四角形の ● から線を1本引いて、三角形を2つつくりましょう。

（1）　（2）　（3）

問5

次の四角形の ● から線を2本ひいて、三角形を3つ作りましょう。

（1）　（2）　（3）

問6

次の①～⑤から、直角三角形と二等辺三角形をそれぞれ選びましょう。

直角三角形　（　　　　　　）

二等辺三角形　（　　　　　　）

STEP 三角四角めいろ

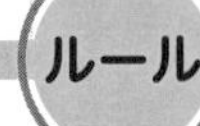

❶ スタートから、三角形と四角形を交互に通り、ゴールを目指してください。

❷ そのとき、必ず図形の中にある点を通ってください。

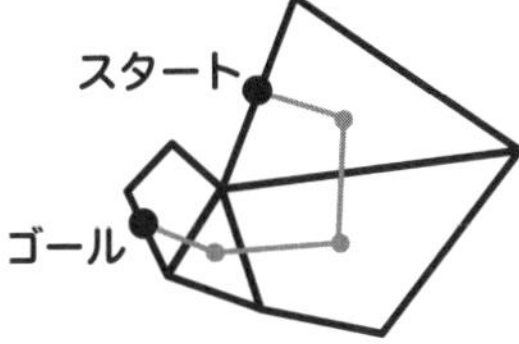

× 不正解
三角形を２回連続で通っている

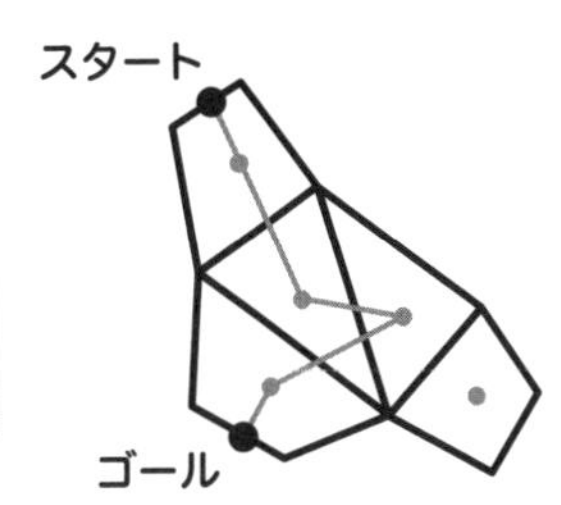

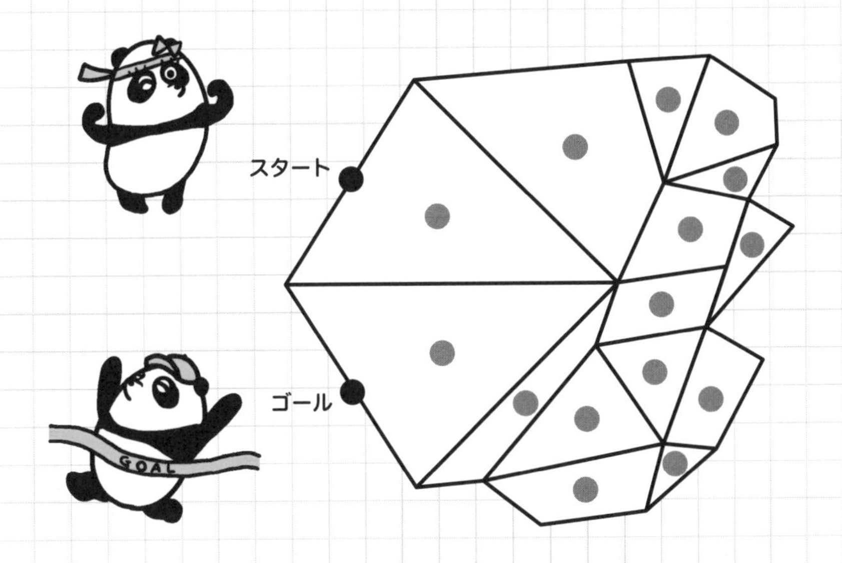

解答と解き方

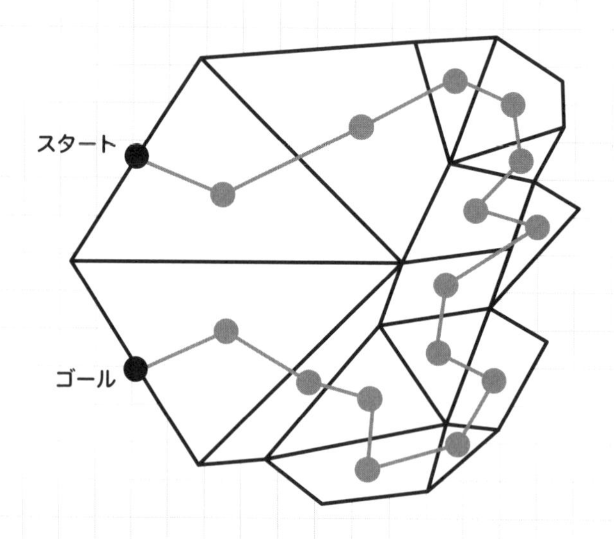

スタートの三角形から四角形→三角形→四角形→三角形→……→ゴールというように、図形の中にある点を交互につないでいきます。

JUMP 三角四角めいろ

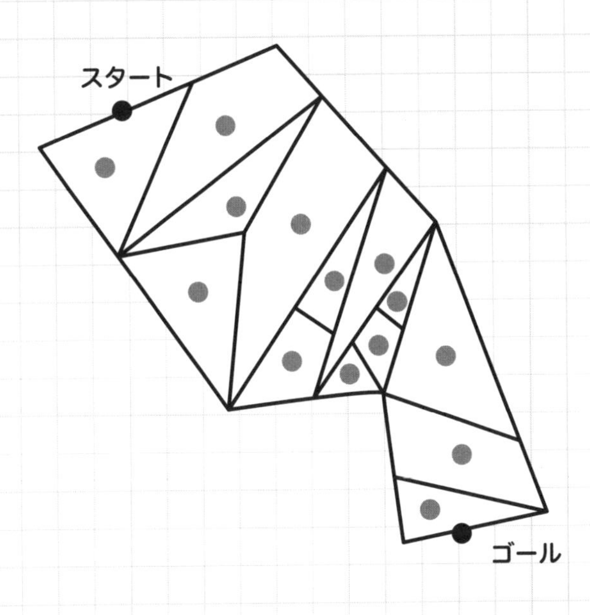

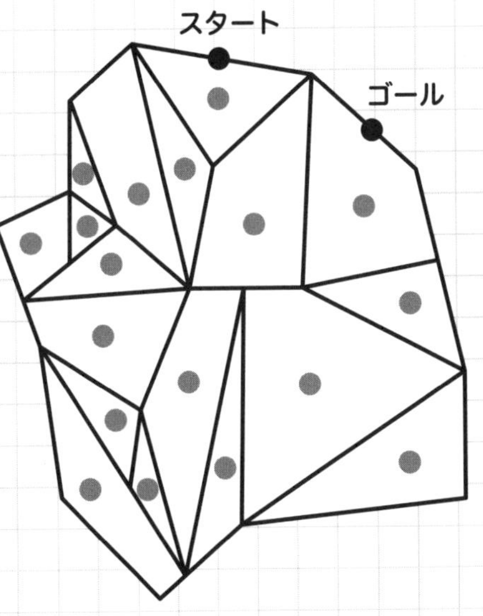

問3

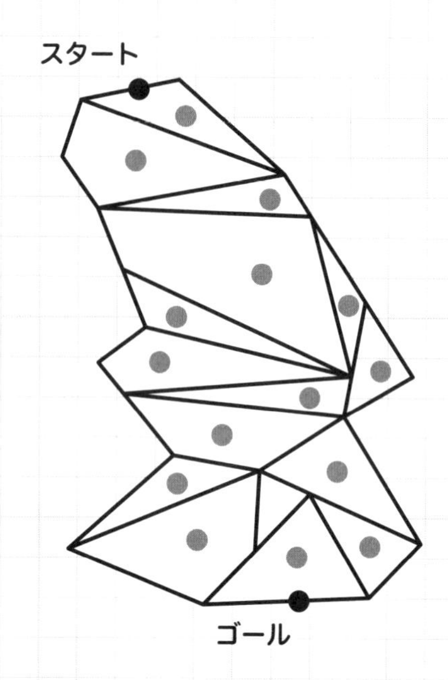
スタート
ゴール

問4

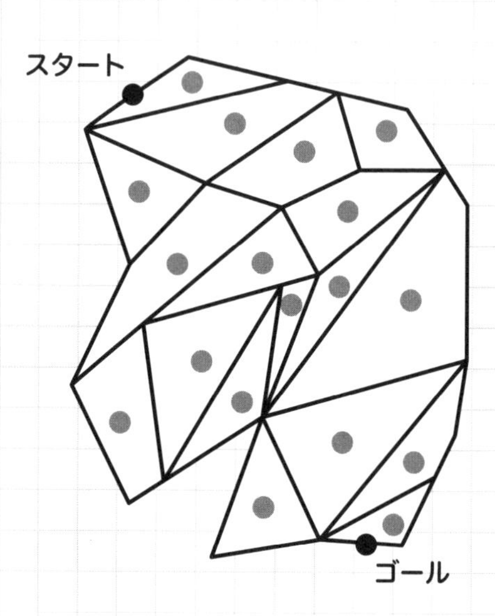
スタート
ゴール

STEP からまった図形

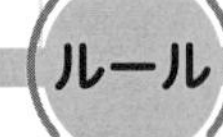

❶ 下のAからDの図形のあつまりには、わくの中の3つの図形のうち、どれかが1つ以上含まれています。

❷ AからDの中で、上の図形がすべて含まれているのはどれでしょうか。正しい記号に○をつけましょう。

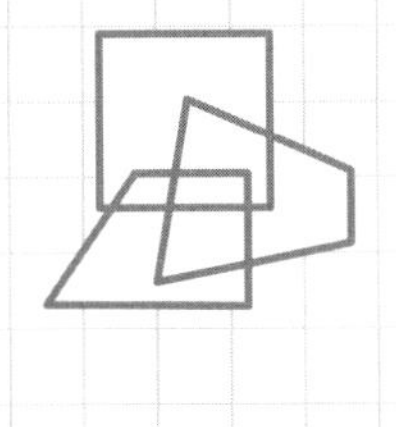

A

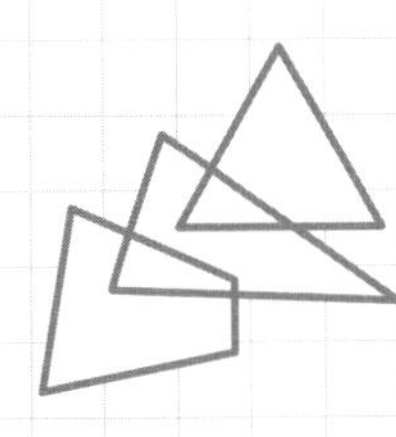

B

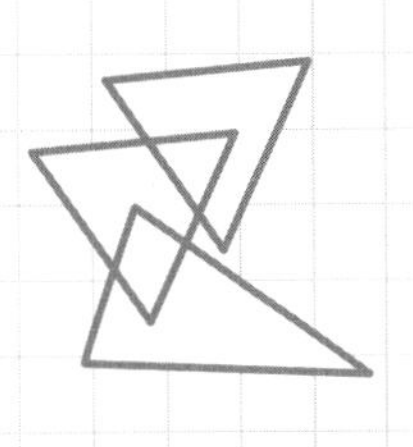

C

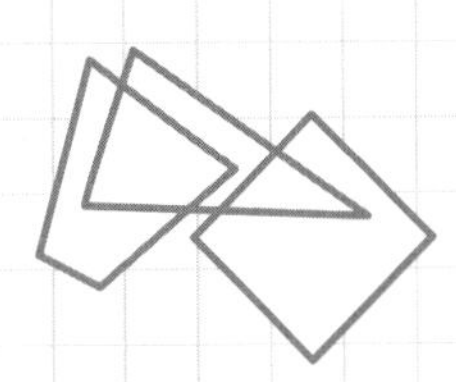

D

解答と解き方

A~Dのからまった図形を分解すると、下のようになります。
よって、答えはDになります。

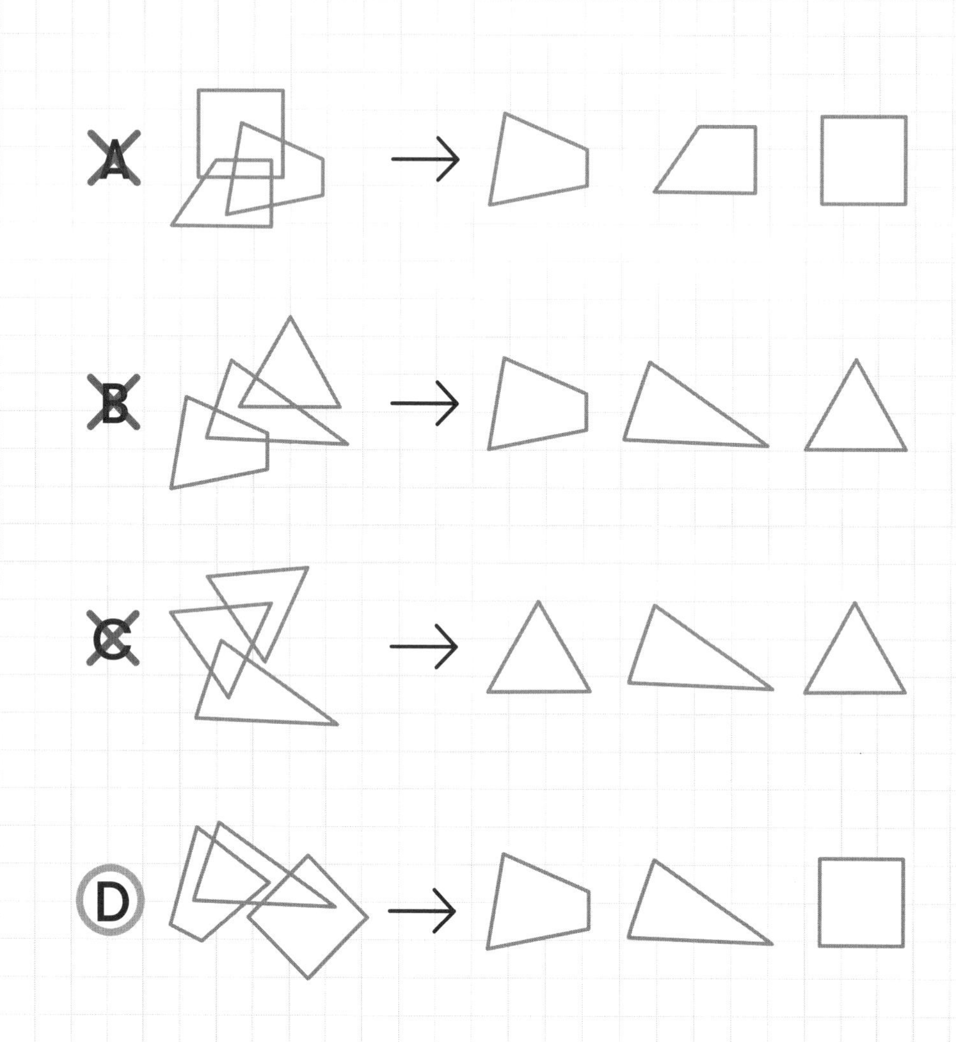

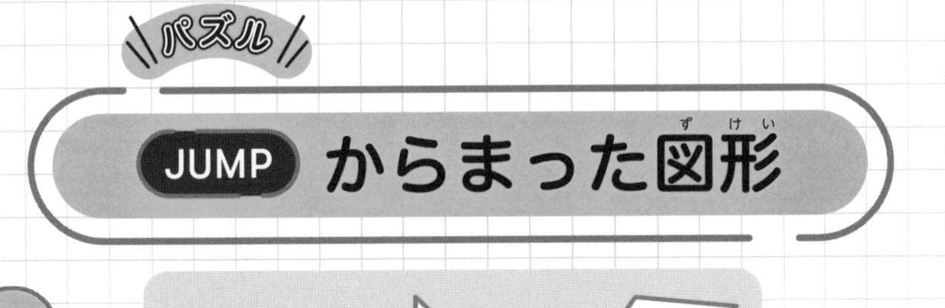

問1

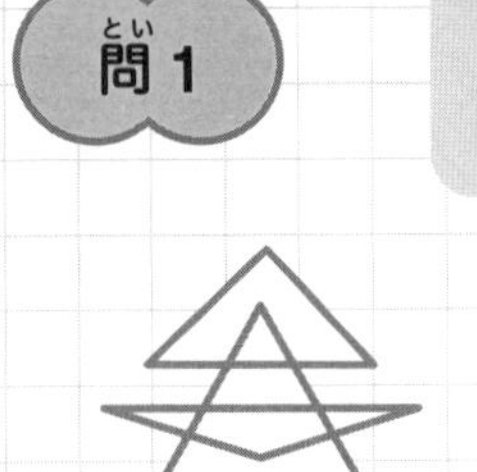
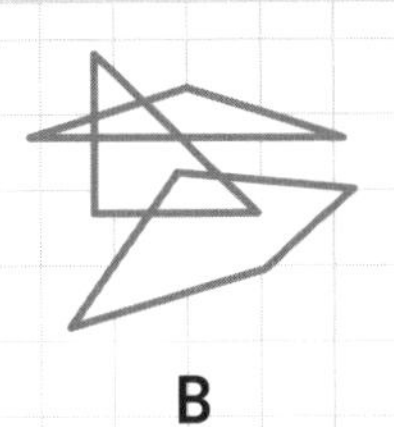
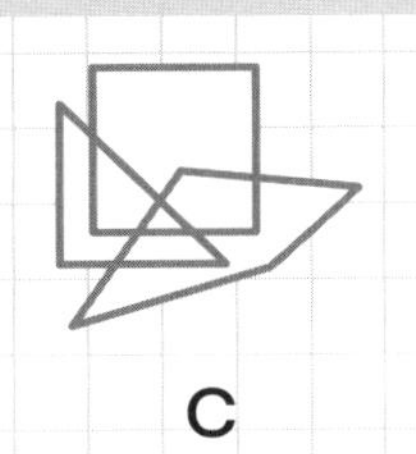
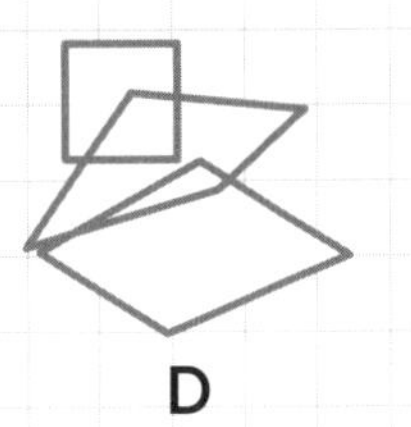

A　B　C　D

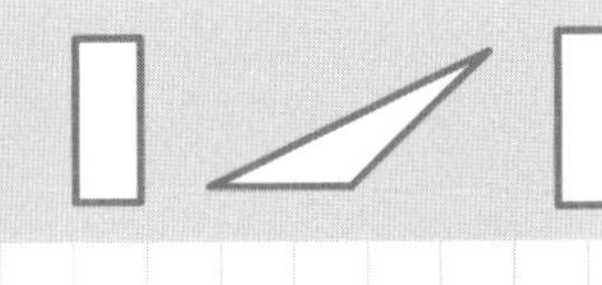
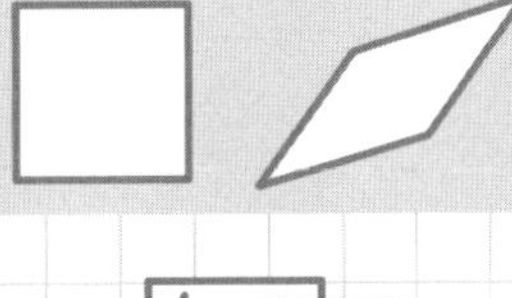

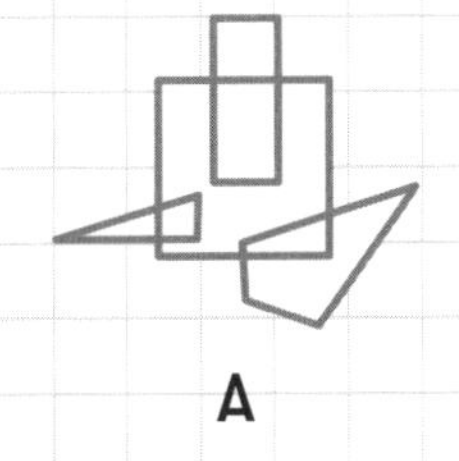
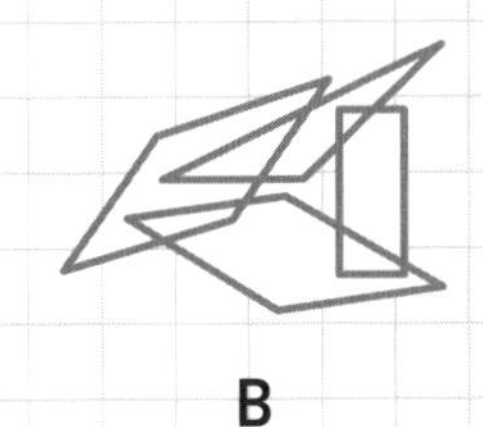
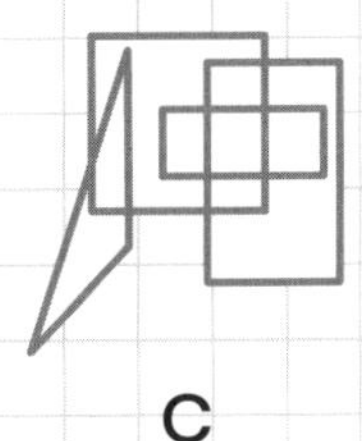
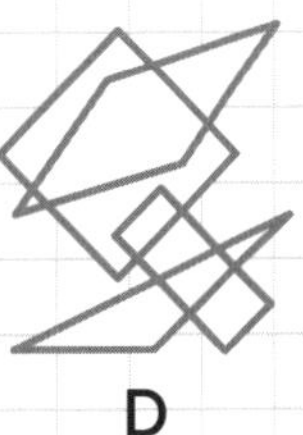
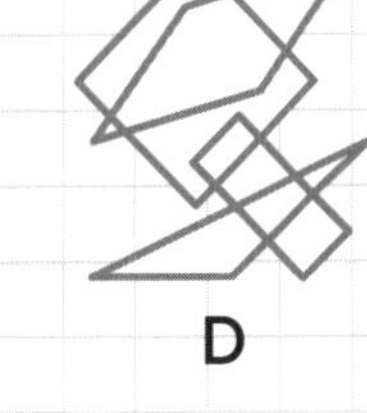

A　B　C　D

問3

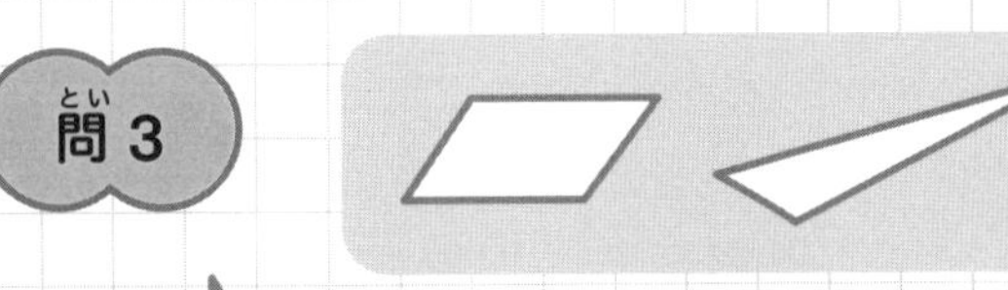

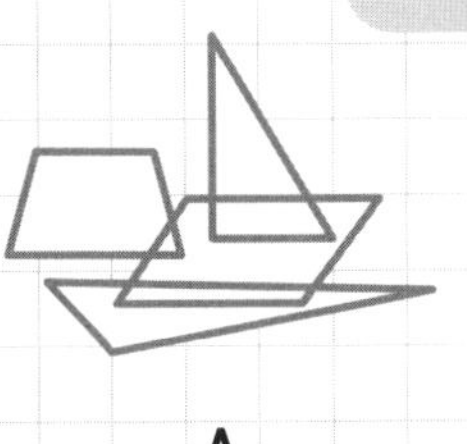
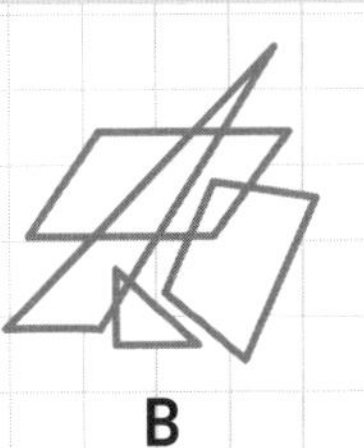
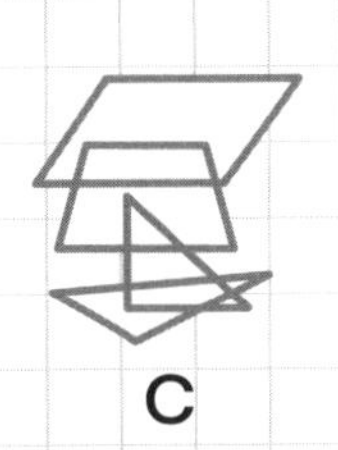
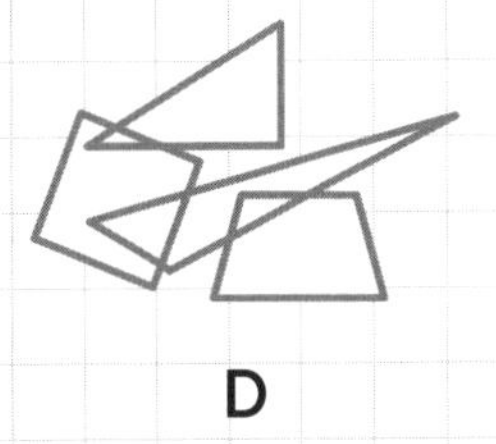

A　B　C　D

力(ちから)だめし & JUMPの解答(かいとう)

力だめし

問1 解答例

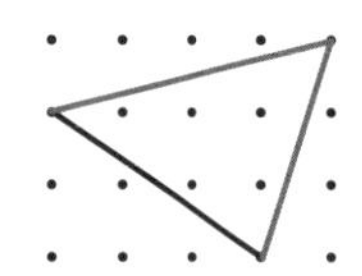

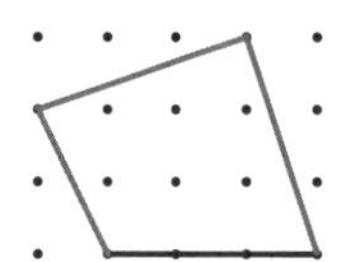

問2 (1)、(3)

問3 (1)、(3)

問4

(1) (2) (3)

問5

(1) (2) (3) 別解

問6

直角三角形 ①、③、⑤ 二等辺三角形 ④、⑤

JUMP／三角四角めいろ

問題1

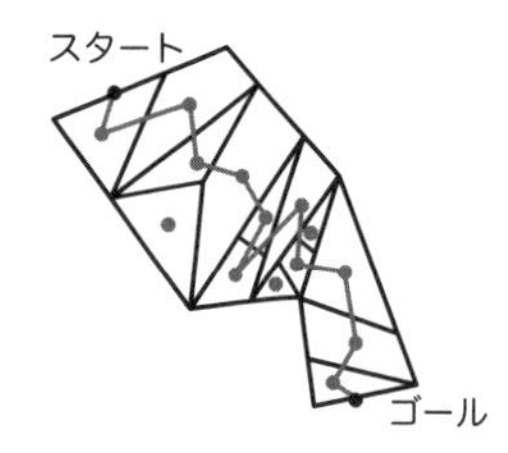

問2

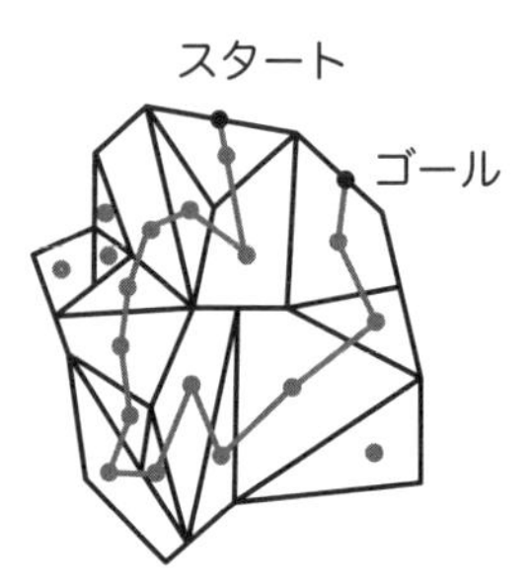

問3

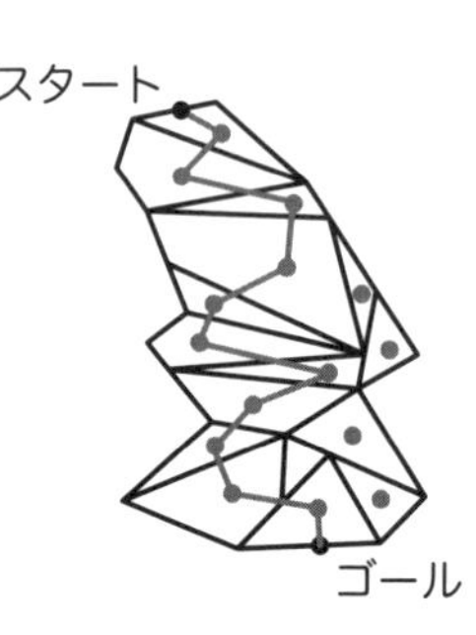

問4

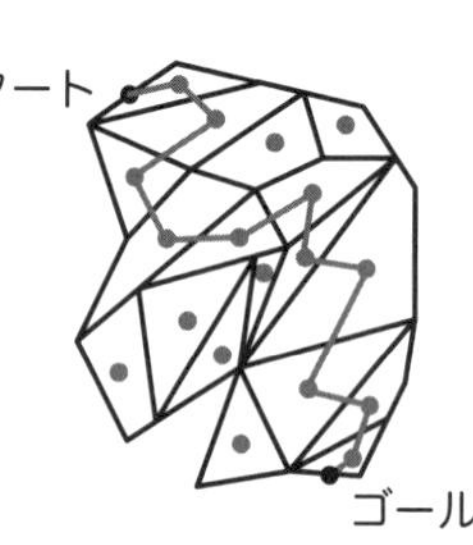

JUMP／からまった図形

問1 B

問2 D

問3 A

長さ

この単元のゴール

- ▶ものさしで長さを測れるようになる
- ▶長さの単位をマスターする

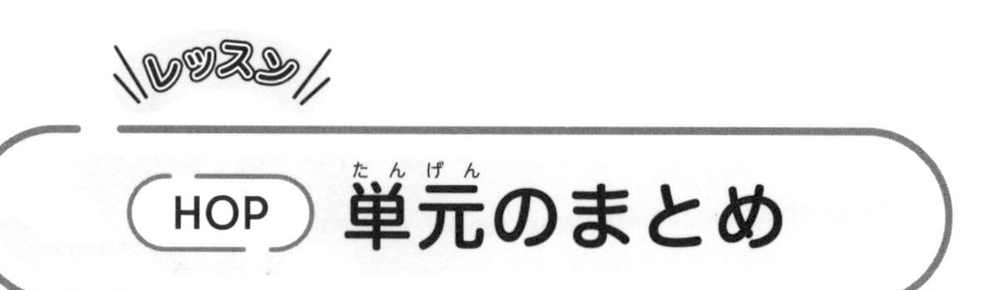

レッスン

HOP 単元のまとめ

1 長さの定義と単位

長さとは　直線または曲線に沿って測った2点間の距離

長さの単位　長さを表す単位には、km（キロメートル）、m（メートル）、cm（センチメートル）、mm（ミリメートル）などがあります。

単位の大きさ

大

km（キロ［メートル］）

↑ 1000こ分

m（メートル）

↑ 100こ分

cm（センチ［メートル］）

↑ 10こ分

mm（ミリ［メートル］）

小

1km = 1000m
1m = 100cm
1cm = 10mm

2 ものさし

下のものさしでは、10cmまではかることができます。

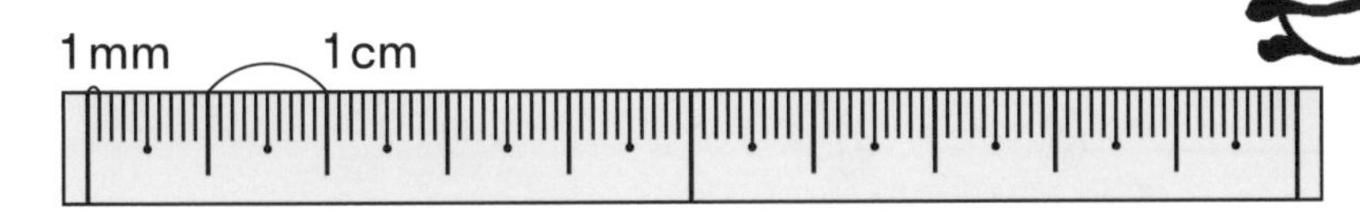

このものさしの一番小さいメモリが 1 mmです。

この1mmが10こ集まると、1 cmになります。

3 長さの計算

たし算、ひき算をするときは同じ単位同士で計算します。

- 3cmと4cmをたすと、7cmになります。

 3cm ＋ 4cm ＝ 7cm

- 3m40cmと38cmをたすと、3m78cmになります。

 3m40cm ＋ 38cm ＝ 3m78cm

- 2cm8mmと4cm6mmをたすと、7cm4mmになります。

 2cm8mm ＋ 4cm6mm ＝ 6cm 14mm ＝ 7cm4mm

 たすと6cm
 たすと14mm
 1cm 4mm

- 900m80cmと100m50cmをたすと、1km1m30cm

 になります。

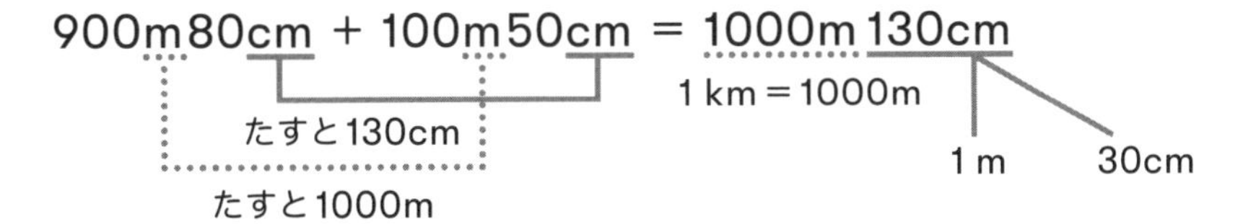

力(ちから)だめし

問(とい)1　どちらが横(よこ)に長(なが)いですか。長(なが)い方(ほう)に丸(まる)をつけましょう。

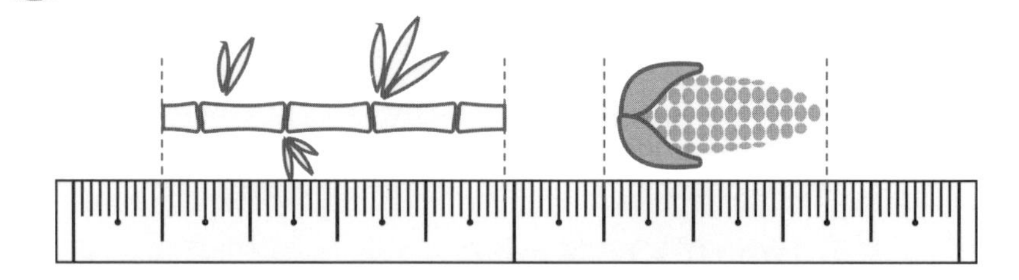

問(とい)2　❶から❹までの長(なが)さと同(おな)じ長(なが)さを線(せん)でむすびましょう。

① 3cm　② 9cm1mm　③ 15mm　④ 67mm

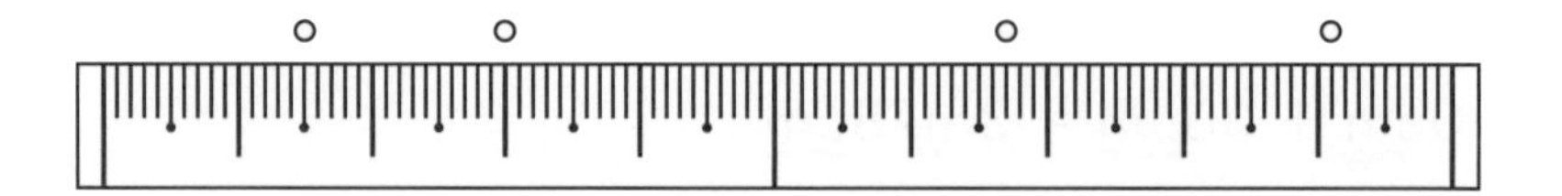

問(とい)3　えんぴつと消(け)しゴムの長(なが)さをはかってみましょう。

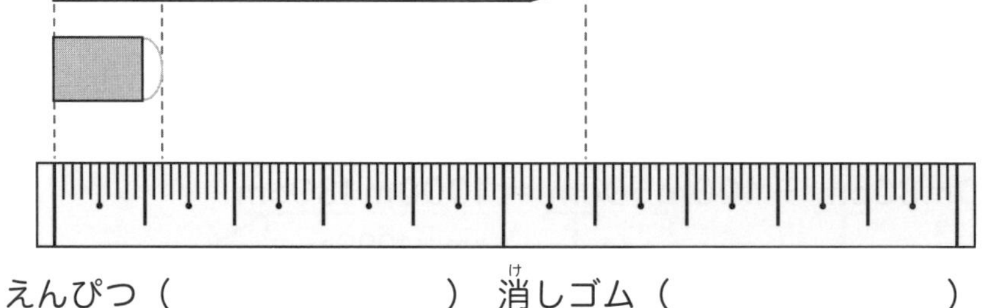

えんぴつ（　　　　　　　　）　消(け)しゴム（　　　　　　　　）

問4

❶ 8cm＝□mm　　❷ 95mm＝□cm□mm

❸ 40mm＝□cm　　❹ 261mm＝□cm□mm

❺ 32cm＝□mm　　❻ 7cm5mm＝□mm

次のテープをつなぎ合わせると、長さは何cmになりますか。

①
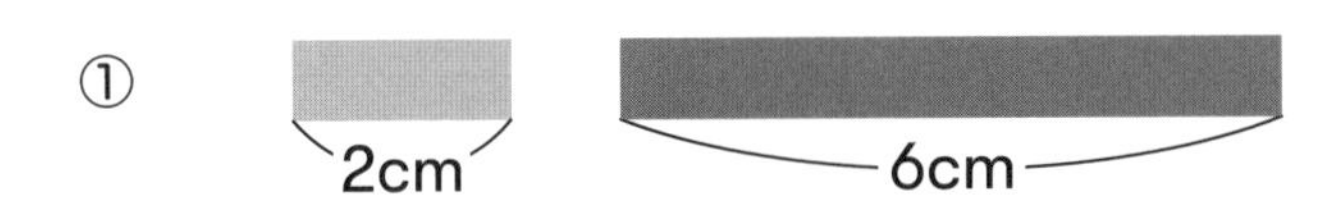

②
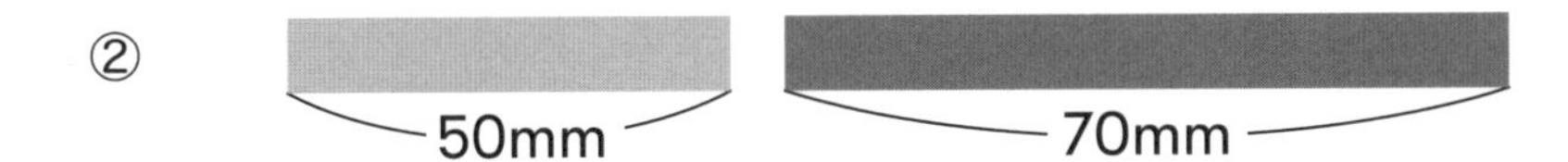

③
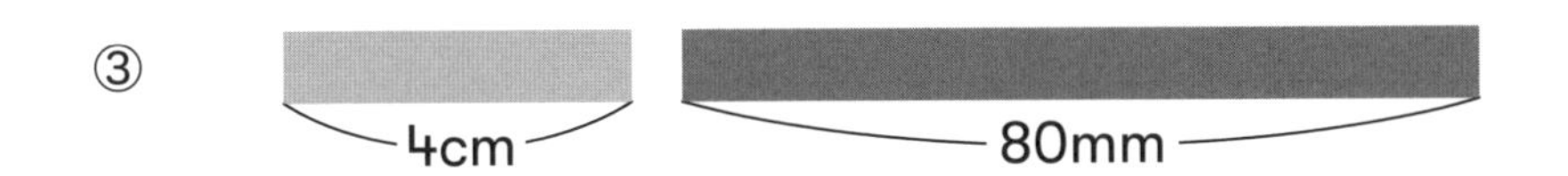

④

次のテープの長さの差はいくらですか。
□に入る数字を書きましょう。

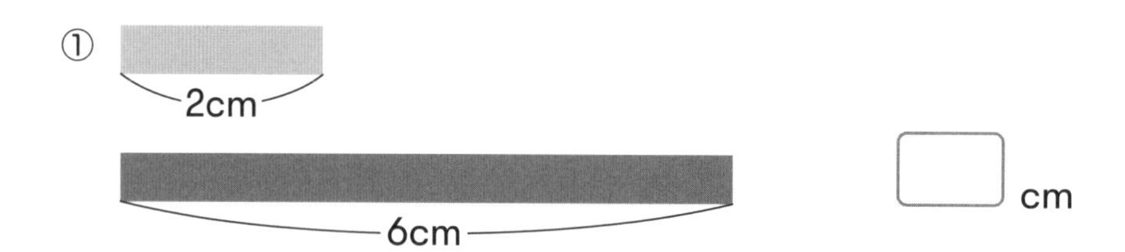

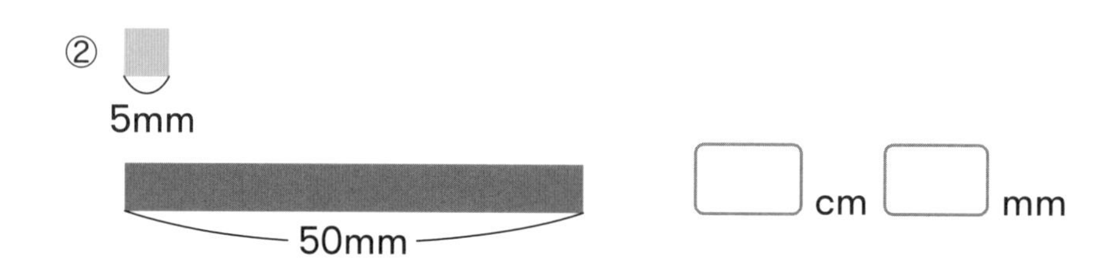

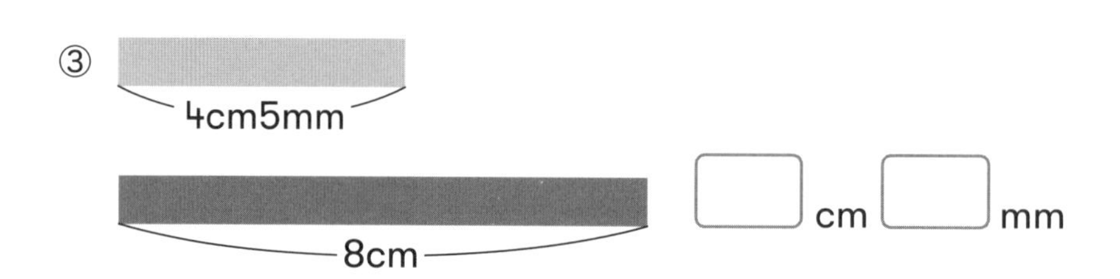

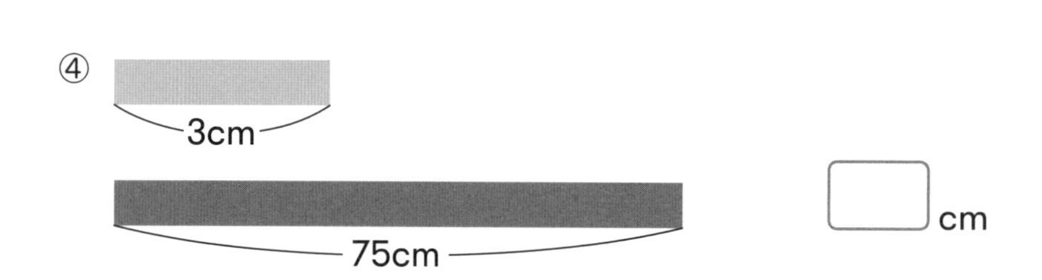

パズル

STEP 長さつなぎ

動画もあるよ！

ルール

❶ 値が短い順に線をつなぎましょう。

❷ すべてのマスを通ります。

❸ 一度通ったマスをもう一度通ることはできません。

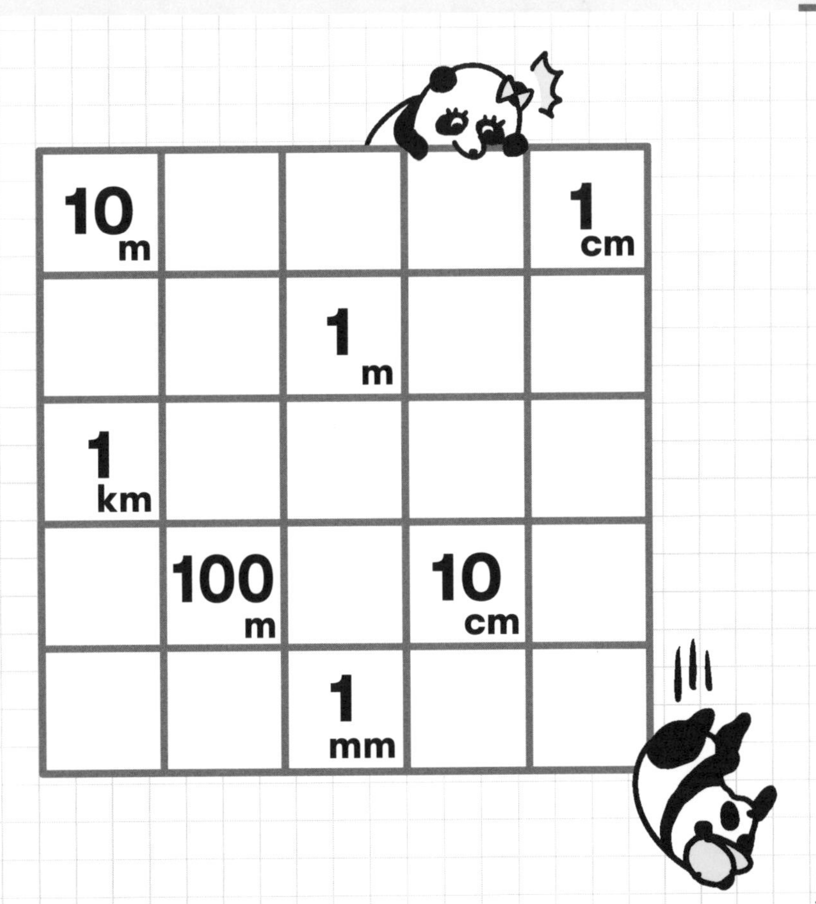

解答と解き方

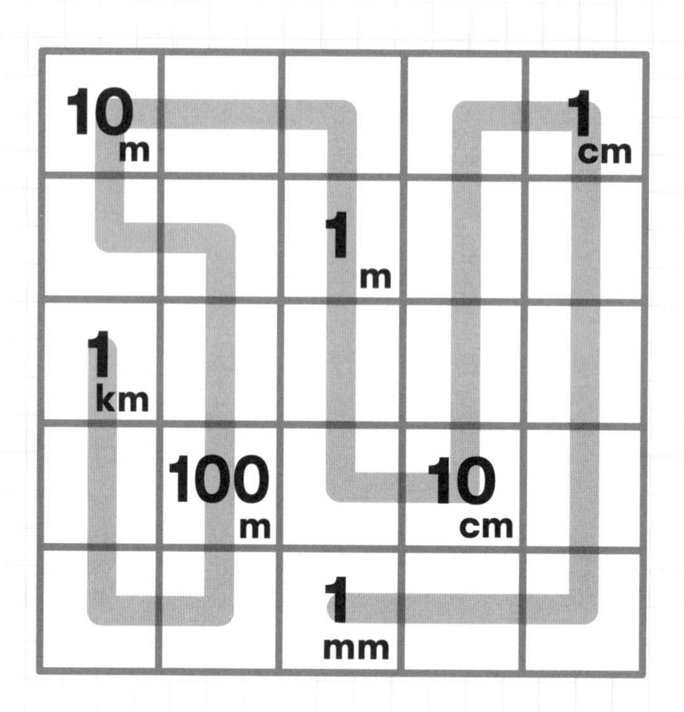

値の小さい順なので、

1mm → 1cm → 10cm → 1m → 10m → 100m → 1km

の順番でつなぎます。

パズル

JUMP 長(なが)さつなぎ

問(とい)1

		100 m	1 mm	
1 km	1 cm			10 m
			1 m	
10 cm				

問(とい)2

		1 mm		
100 m			1 m	
	10 m			1 cm
	1 km			
		10 cm		

					10 m
	10 cm				
1 mm					1 km
		1 m			
				100 m	
			1 cm		

					10 cm
	1 mm				
		1 m			10 m
1 cm		1 km			
			100 km		
10 km				100 m	

パズル

STEP 歩いた距離はいくつ

ルール

❶ 正方形のプールのAからBまで歩くと、その距離は10mでした。

❷ではA→B→Cと歩いた時、その距離は何mになるでしょう。

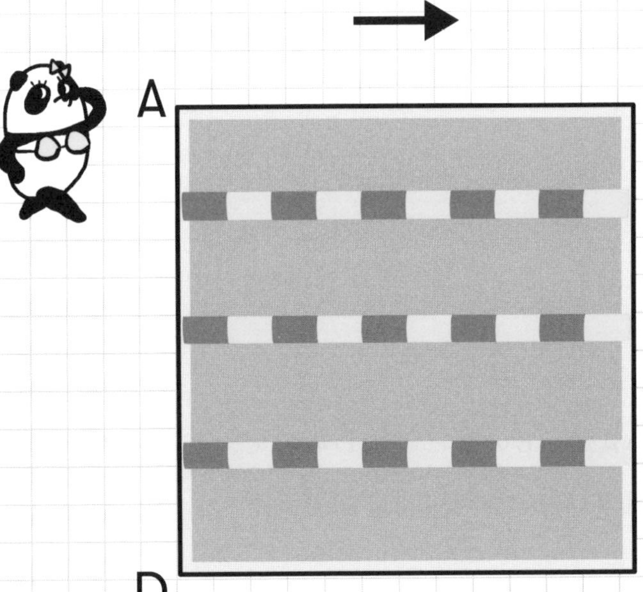

解答と解き方

20m

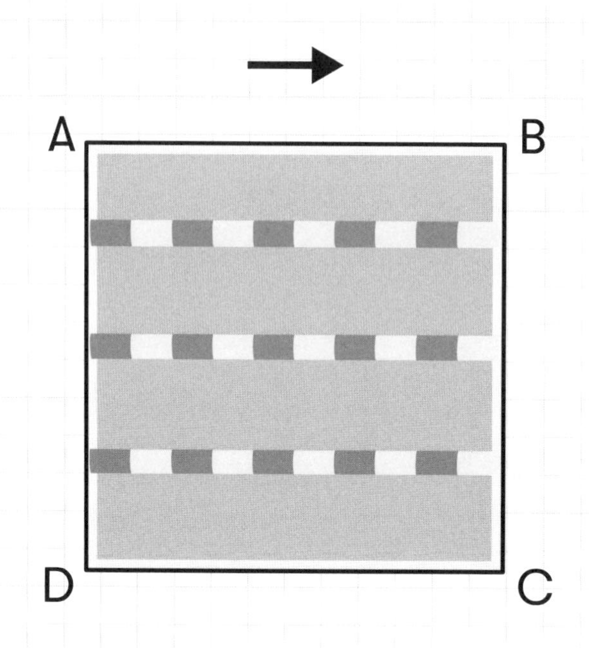

❶ このプールは正方形で、AからBの長さが10mであることがわかっています。

❷ BからCの長さはAからBの長さと同じなので、A→B→Cの歩いた距離は10m ＋ 10m ＝ 20mとなります。

パズル

JUMP 歩いた距離はいくつ

問1

正方形のプールのAからBまで歩くと、その距離は50m20cmでした。ではA→B→Cと歩いた時、その距離は何m何cmでしょう。

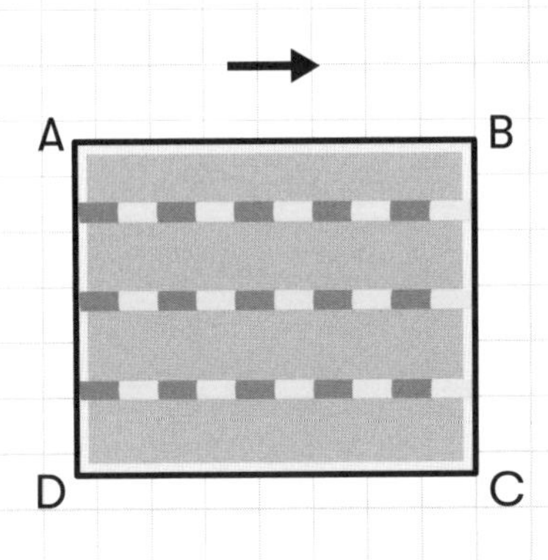

問2

正方形のプールのAからBまで歩くと、その距離は8m90cmでした。ではA→B→Cと歩いた時、その距離は何m何cmでしょう。

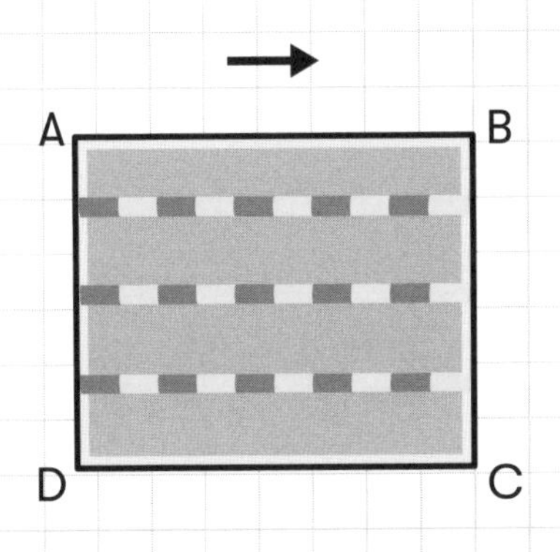

問3

長方形のプールをAからBまで歩くと、その距離は25mでした。次にA→B→Cと歩いたとき、その距離は40mでした。ではA→B→C→Dと歩いたとき、その距離は何mでしょう。

問4

長方形のプールをAからBまで歩くと、その距離は25mでした。次にA→B→Cと歩いたとき、その距離は45mでした。ではA→B→C→Dと歩いたとき、その距離は何mでしょう。

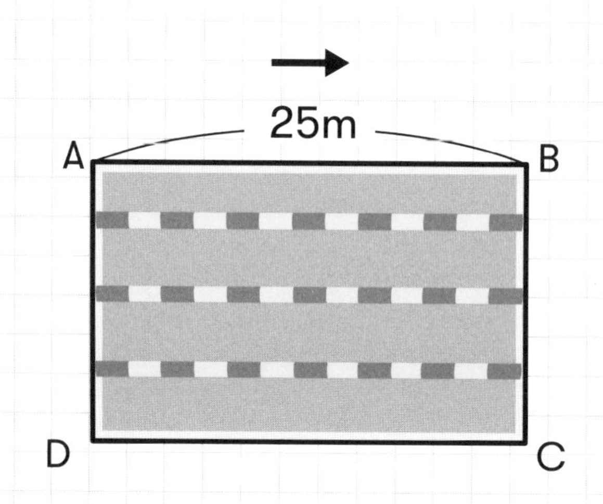

問5

長方形のプールをAからBまで歩くと、その距離は25mでした。次にA→B→Cと歩いたとき、その距離は40mでした。ではA→B→C→D→Aと歩いたとき、その距離は何mでしょう。

長方形のプールをAからBまで歩くと、その距離は25mでした。次にA→B→Cと歩いたとき、その距離は50mでした。ではA→B→C→D→Aと歩いたとき、その距離は何mでしょう。

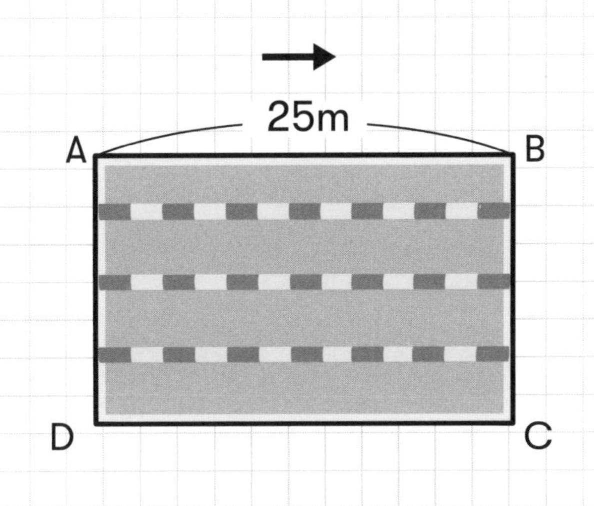

力(ちから)だめし & JUMPの解答(かいとう)

力だめし

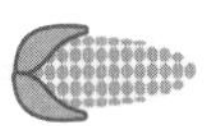

問2

①3cm ②9cm1mm ③15mm ④67mm

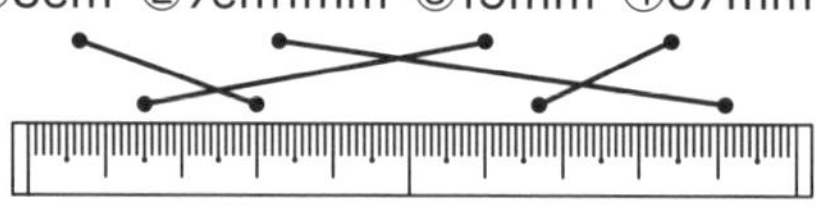

問3

えんぴつ（5cm9mm）

消しゴム（1cm2mm）

問4

① 80 ② 9、 5 ③ 4

④ 26、1 ⑤ 320 ⑥ 75

問5

① 8cm ② 12cm ③ 12cm ④ 11cm

① 4cm ② 4cm5mm

③ 3cm5mm ④ 72cm

JUMP／長さつなぎ

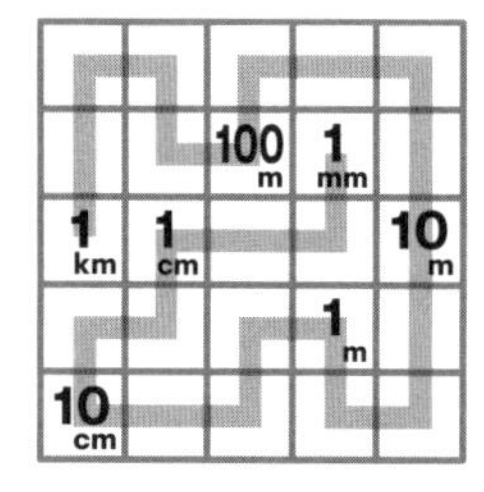

問2

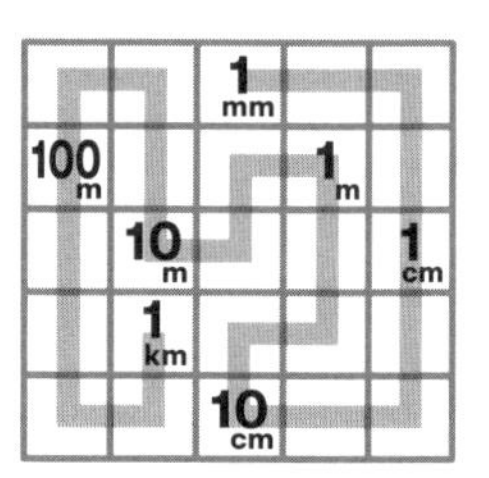

問3

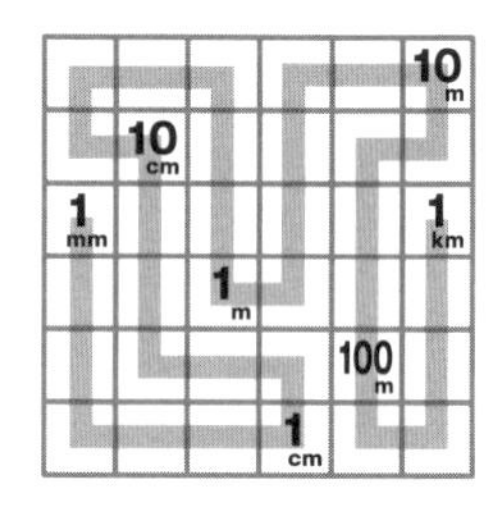

問4

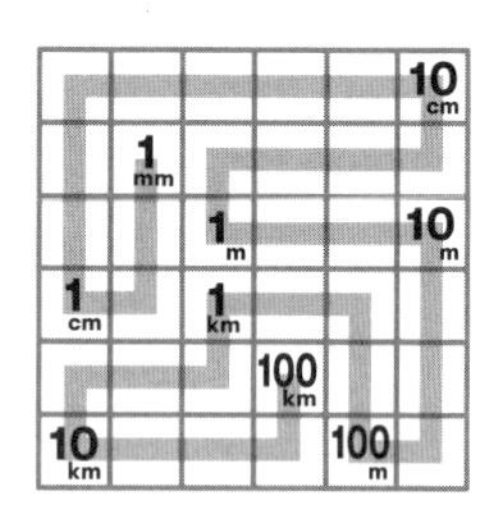

JUMP／歩いた距離はいくつ？

問1 100m40cm

問2 17m80cm

問3 65m

問4 70m

問5 80m

問6 100m

奇数と偶数

この単元のゴール

- ▶奇数と偶数の違いをマスターする
- ▶数字をみて、奇数と偶数に分けられるようになる

HOP 単元のまとめ

1 偶数と奇数の定義

「偶数」とは、整数のうち２で割り切れる数です。

なので、「２の倍数」ともいえます。

※０は２の倍数ではありませんが、偶数の仲間です。

偶数の例：０　２　４　６　８　10　…　20　…　36　…

「奇数」とは、整数のうち２で割り切れない数です。

なので、「２の倍数に１をたした数」ともいえます。

偶数に１をたした数が奇数になります。

奇数の例：１　３　５　７　９　11　…　27　…　43　…

2 偶数と偶数の見分け方

どんなに大きな数でも、一の位で奇数か偶数かを見分けられます。

一の位が偶数（０、２、４、６、８）→　**偶数**
一の位が奇数（１、３、５、７、９）→　**奇数**

例えば「1558974」は、一の位が４なので偶数です。「2649867」は、一の位が７なので奇数です。

3 奇数、偶数の計算の決まり①

たし算

偶数 + 偶数 = 偶数
(●●) + (●●) = (●●)(●●)
2 + 2 = 4

偶数 + 奇数 = 奇数
(●●) + (●) = (●●)(●)
2 + 1 = 3

奇数 + 偶数 = 奇数
(●) + (●●) = (●)(●●)
1 + 2 = 3

奇数 + 奇数 = 偶数
(●) + (●) = (●●)
1 + 1 = 2

ひき算

偶数 − 偶数 = 偶数
(●●) − (●●) = ( )
2 − 2 = 0

偶数 − 奇数 = 奇数
(●●) − (●) = (●)
2 − 1 = 1

奇数 − 偶数 = 奇数
(●●)(●) − (●●) = (●)
3 − 2 = 1

奇数 − 奇数 = 偶数
(●) − (●) = ( )
1 − 1 = 0

4 奇数、偶数の計算の決まり②

偶数 ＋ 偶数 、 奇数 − 奇数 、のように、

同じ組み合わせだと 偶数 に、

奇数 − 偶数 、 偶数 ＋ 奇数 のように、

異なる組み合わせだと 奇数 になります。

かけ算

偶数	×	偶数	=	偶数
(●●) 2	×	(●●) 2	=	(●●)(●●) 4
偶数	×	奇数	=	偶数
(●●) 2	×	(●) 1	=	(●●) 2
奇数	×	偶数	=	偶数
(●) 1	×	(●●) 2	=	(●●) 2
奇数	×	奇数	=	奇数
(●) 1	×	(●) 1	=	(●) 1

奇数 × 奇数 以外、答えは必ず偶数になります。

力だめし

問1 次の 6 つの数について、次の問いに答えましょう。

25　　0　　944　　92　　77　　318

（1）この中で偶数はどれですか。すべて答えましょう。

（2）この中で奇数はどれですか。すべて答えましょう。

問2 答えが偶数か奇数かを □ に書きましょう。

（1）9＋3 □　　（2）4＋9 

（3）8＋8 □　　（4）10＋15 □

次の問に計算をせずに答えましょう。

（1）230個のパンがあります。そのうち89個のパンを食べると、残ったパンの数は偶数、奇数のどちらになりますか。

（2）829枚の紙があります。そこに1023枚の紙を追加すると、紙の枚数は偶数、奇数のどちらになりますか。

（3）35本入りの色鉛筆の箱があります。その箱を11箱買うと、色鉛筆の本数は偶数、奇数のどちらになりますか。

次の問題に計算をせずに答えましょう。

A、B、Cの3つの整数（小数と分数以外の数）があります。

AとBが奇数でCが偶数のとき、A＋B＋Cは偶数になりますか、それとも奇数になりますか。

パズル

STEP 奇数偶数てんびん

動画もあるよ!

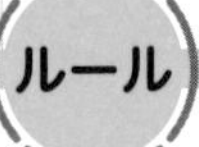

❶ 1~5までの数字を空欄に入れましょう。○には偶数、□には奇数が入ります。

❷ ただし、同じ数字は1度しか使えません。

❸ てんびんのまん中に書かれた数字は、右の数字の和（足した数）と左の数字の和の差（引いた数）を表します。

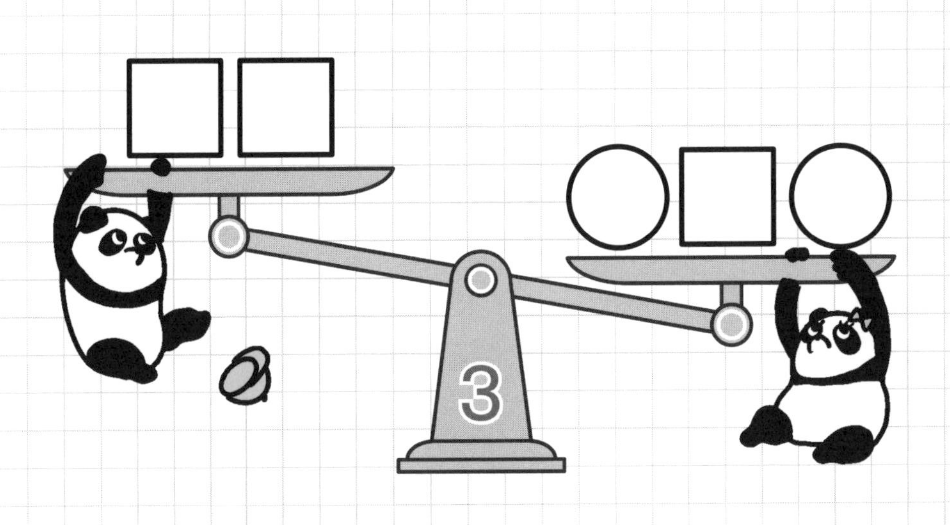

解答と解き方

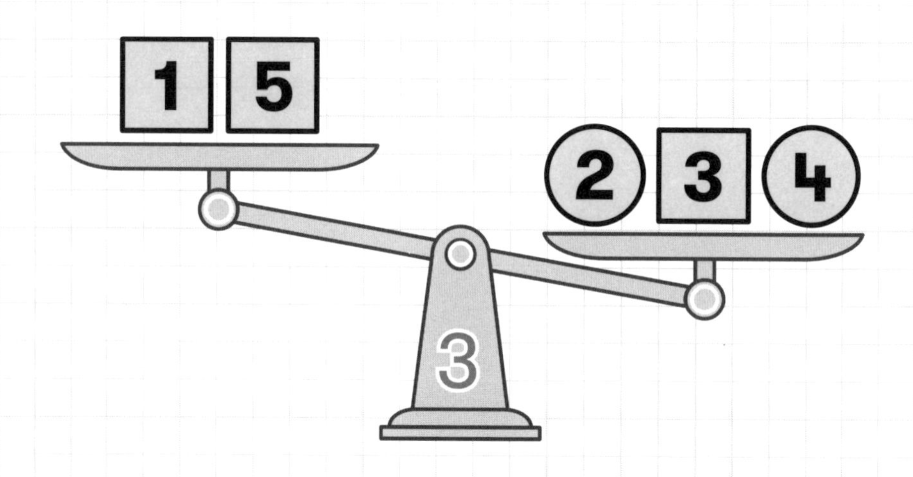

❶ 右のお皿の◯には、偶数の 2 と 4 が入ります。

❷ 右のお皿の□に奇数の 3 を入れると、合計は
「2 + 3 + 4 = 9」となります。

❸ 左のお皿の□にのこった奇数の 1 と 5 を入れると、合計は
「1 + 5 = 6」となります。

❹ 右の 9 から左の 6 を引くと、てんびんのまん中の数と同じ「3」になります。

パズル

JUMP 奇数偶数てんびん

問1　1〜5までの数字を空欄に書きましょう。

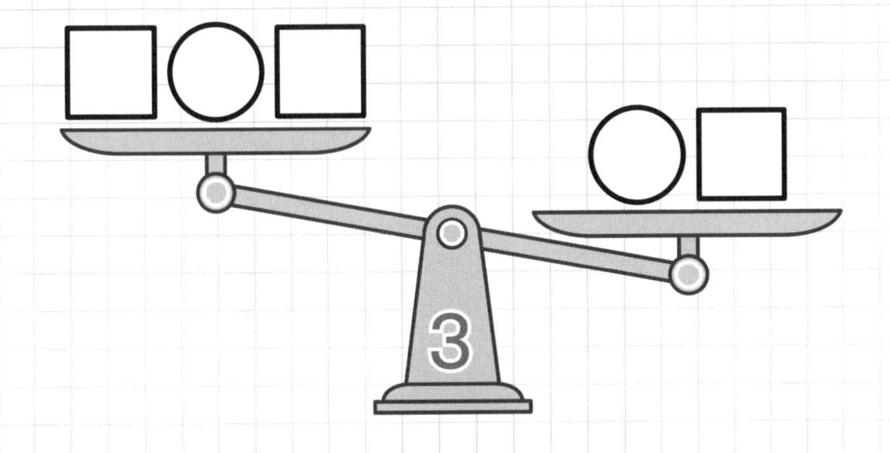

問2　1〜6までの数字を空欄に書きましょう。

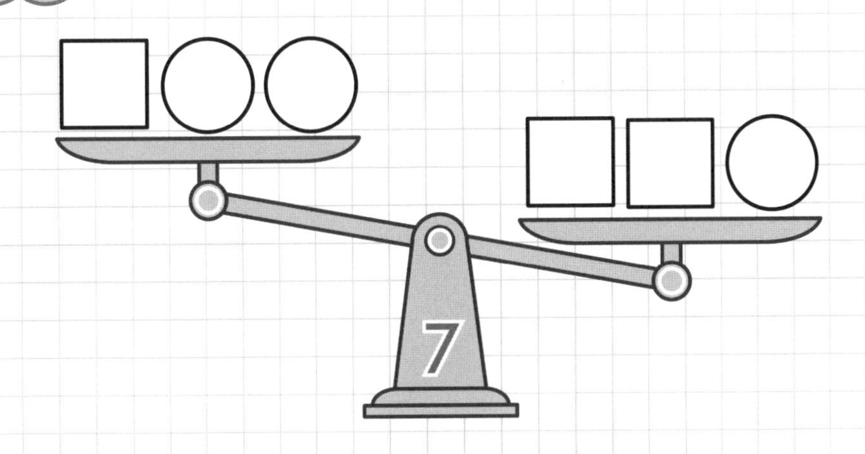

1～6までの数字を空欄に書きましょう。

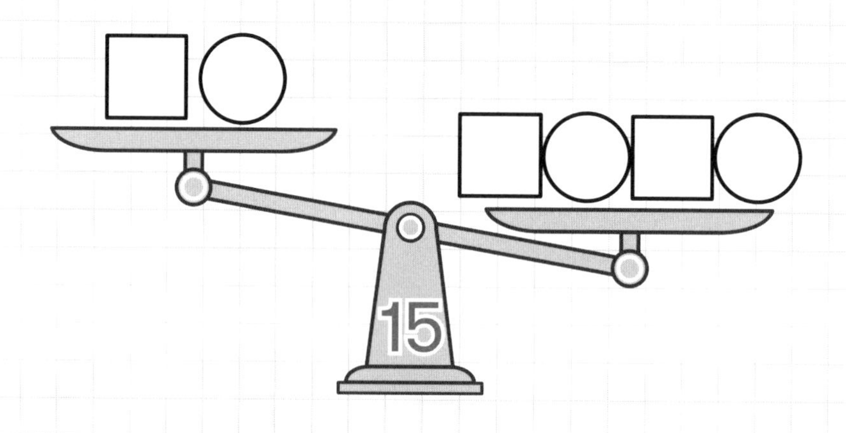

1～10までの数字を空欄に書きましょう。

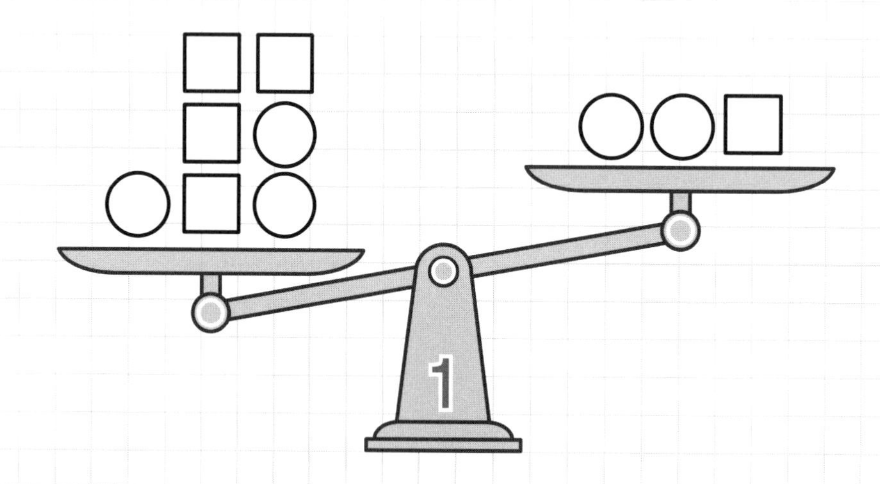

パズル

STEP 奇数偶数ナンプレ

ルール

❶ あいているマスには、1から4の数字が入ります。

❷ それぞれのタテの列とヨコの列の中で、入れる数字がかぶらないように数字を書きましょう。

❸ ただし、○には偶数が、□には奇数が入ります。

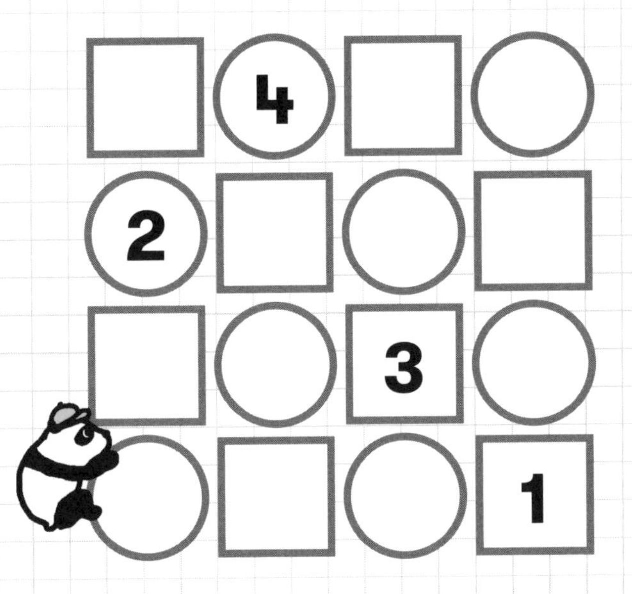

解答と解き方

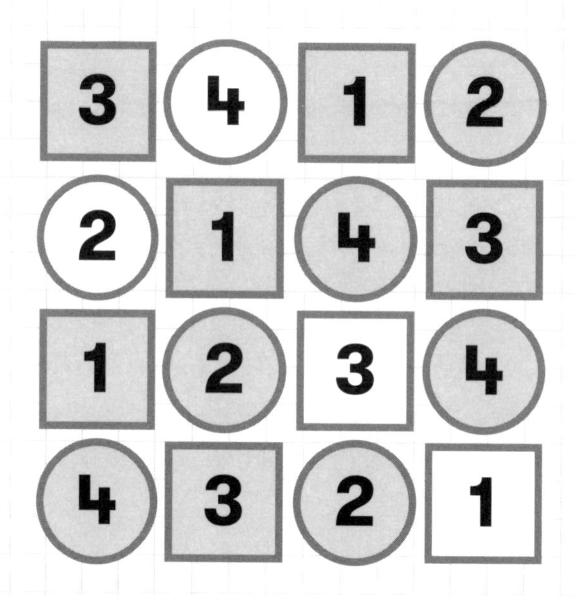

1から4の数字のうち、偶数は2、4 で奇数は 1、3 です。
タテの列とヨコの列で数字がかぶらないように気をつけながら解くと、上の図のようになります。

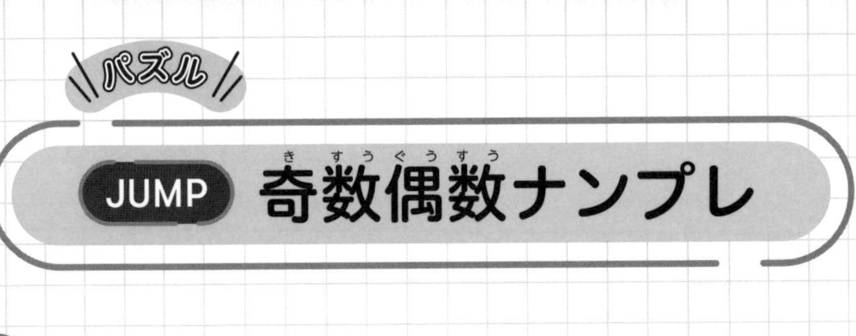

問1

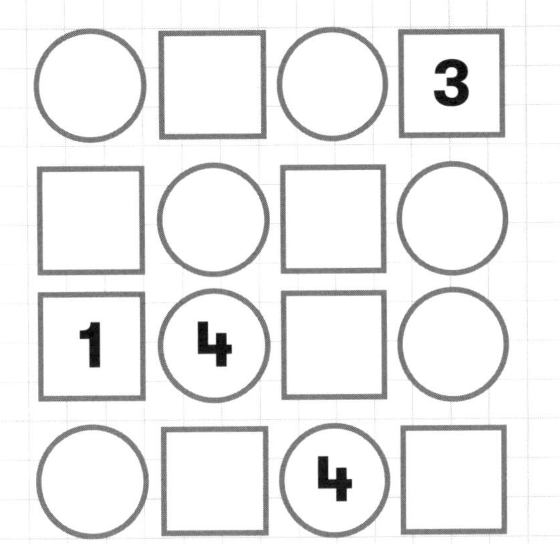

問2

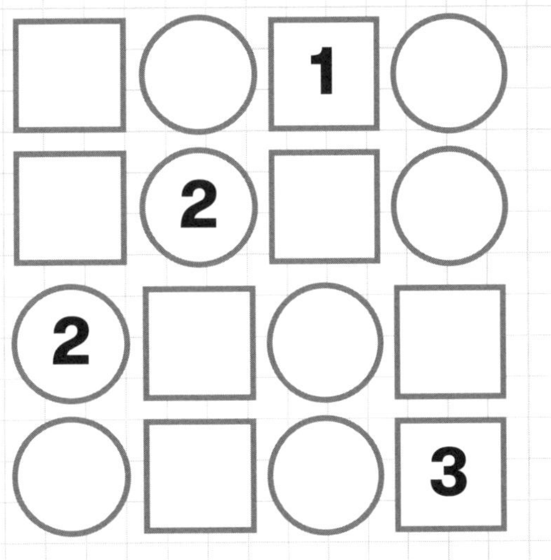

問3

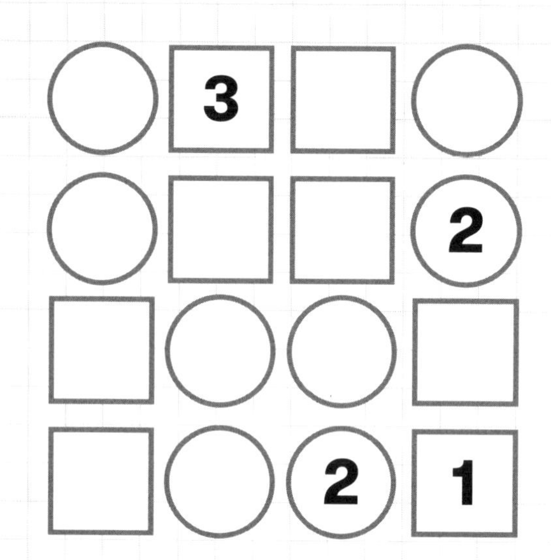

問4

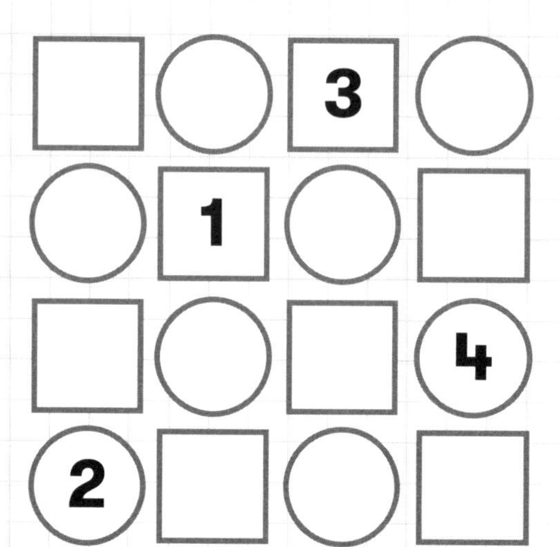

問 5

2			
	3		
	2		
			1

問 6

3			
		2	
	4		
			1

力(ちから)だめし & JUMPの解答(かいとう)

力だめし

問1　(1) 0、944、92、318
(2) 25、77

問2

(1) 偶数　(2) 奇数

(3) 偶数　(4) 奇数

問3

(1) 奇数　(2) 偶数　(3) 奇数

問4

A (奇数) +B (奇数) =偶数
A+B+C (偶数) =偶数
よって、答えは　偶数

JUMP／奇数偶数てんびん

問1

1 ② 3　　④ 5
3

問2

1 ② ④　　5 3 ⑥
7

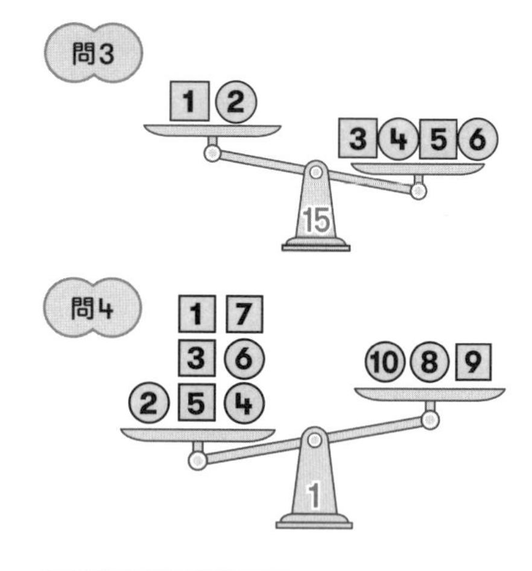

JUMP／奇数偶数ナンプレ

問1

④	1	②	3
3	②	1	④
1	④	3	②
②	3	④	1

問2

3	④	1	②
1	②	3	④
②	3	④	1
④	1	②	3

問3

②	3	1	④
④	1	3	②
1	②	④	3
3	④	②	1

問4

1	④	3	②
④	1	②	3
3	②	1	④
②	3	④	1

問5

②	1	3	④
④	3	1	②
1	②	④	3
3	④	②	1

問6

3	②	1	④
④	1	②	3
1	④	3	②
②	3	④	1

単元⑩ 単元レベル：6年生

線対称と点対称

この単元のゴール

▶奇数と偶数の違いをマスターする
▶数字をみて、奇数と偶数に分けられるようになる

HOP 単元のまとめ

1 線対称とは

1本の直線を折り目にして折ると、ぴったり重なり合う図形を「線対称の図形」といいます。また、その折り目になる直線を「対称の軸」といいます。

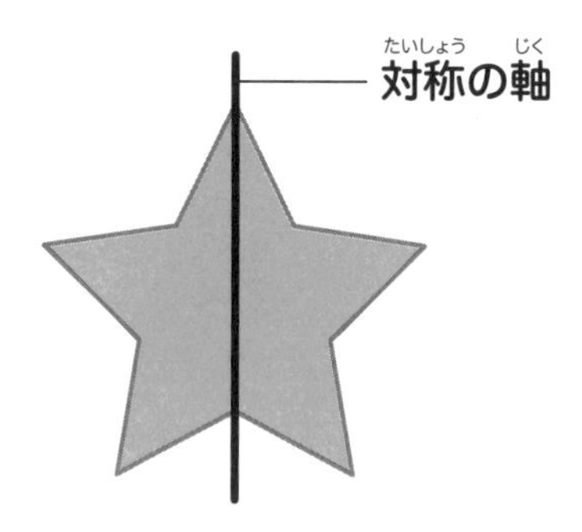

2 線対称な図形の例

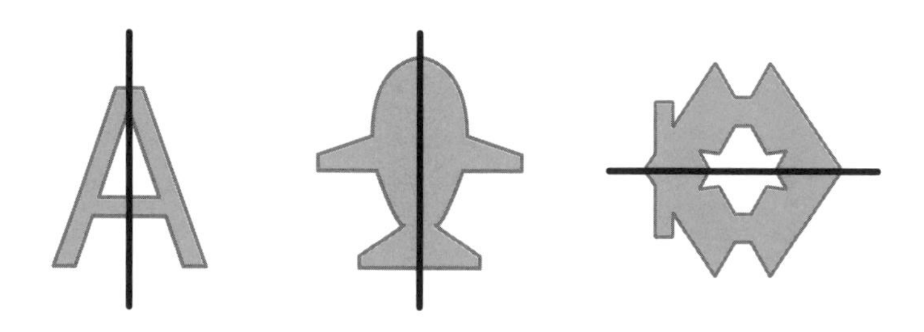

3 線対称な図形の特徴

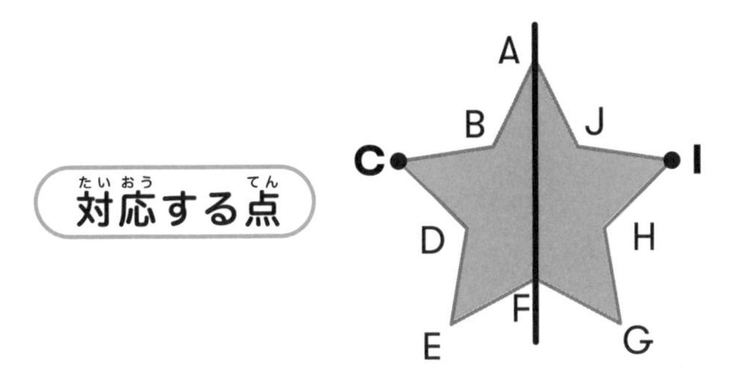

この図形を対象の軸を折り目にして折り曲げると、点Cと点Iは重なります。このような重なる点のことを「対応する点」といいます。

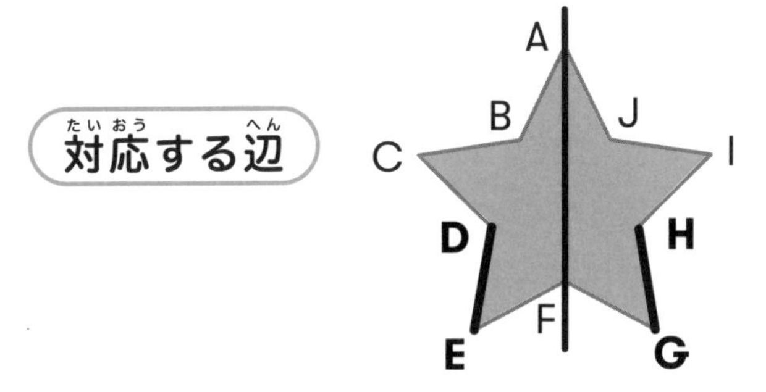

また、点だけでなく辺も対応します。例えば、辺DEと辺HGが重なります。このような重なる辺のことを「対応する辺」といいます。

このときアルファベットは対応する順番に書きます

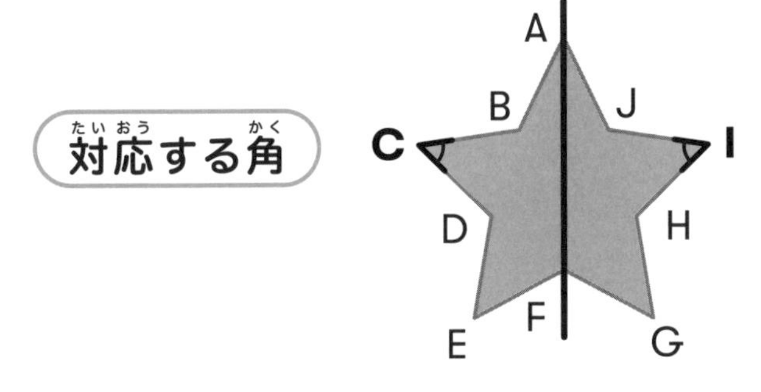

そして、角も対応します。例えば、角Cと角Iが重なります。このような重なる角のことを「対応する角」といいます。

線対称な図形では、対応する辺の長さと対応する角の大きさが等しくなります。

4 点対称とは

ある図形を 1 つの点を中心にして、180°回転させるとぴったり重なり合う図形を「点対称の図形」といいます。また、その中心になった点を「対称の中心」といいます。

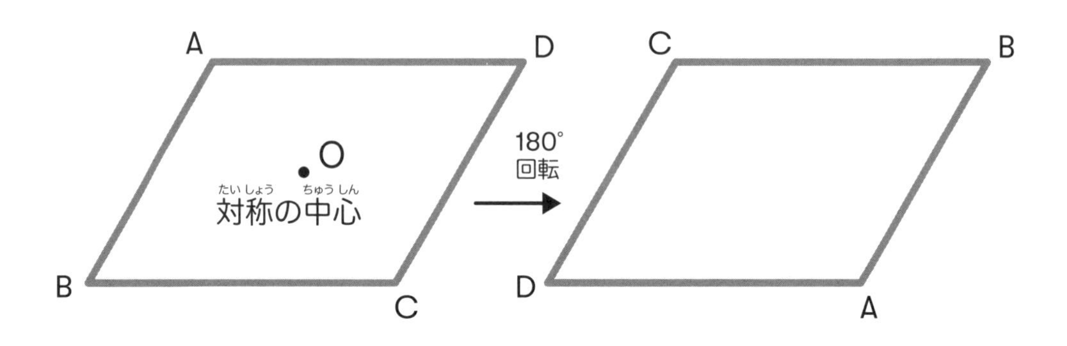

5 点対称な図形の例

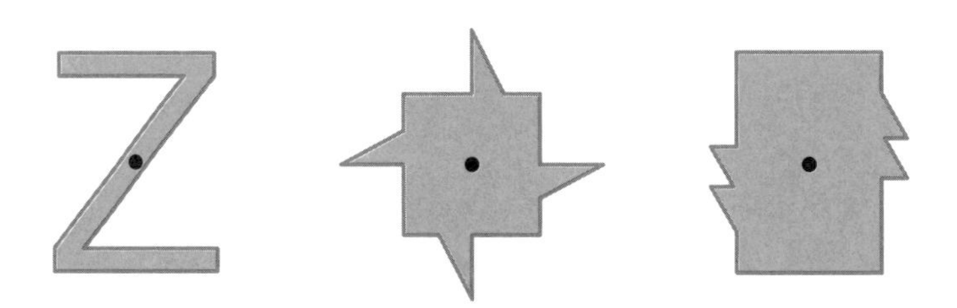

6 点対称な図形の特徴

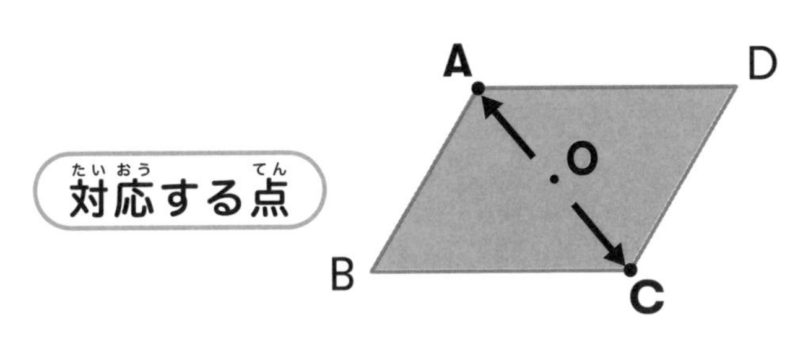

この図形を点Oを中心にして180°回転させると、点Aと点Cは重なります。このような重なる点のことを「対応する点」といいます。

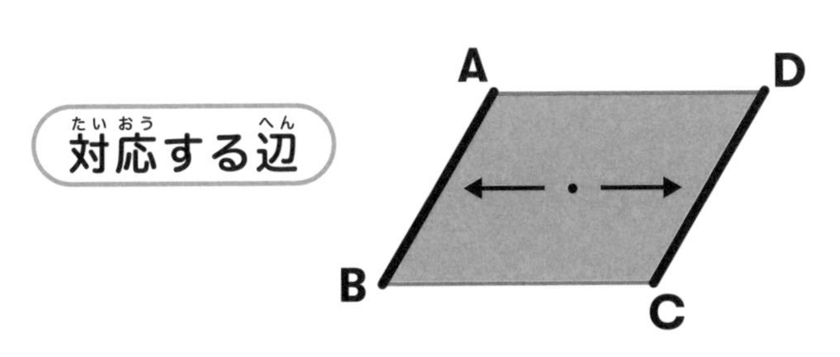

また、点だけでなく辺も対応します。例えば、辺ABと辺CDが重なります。このような重なる辺のことを「対応する辺」といいます。

このとき、アルファベットは対応する順番に書きます

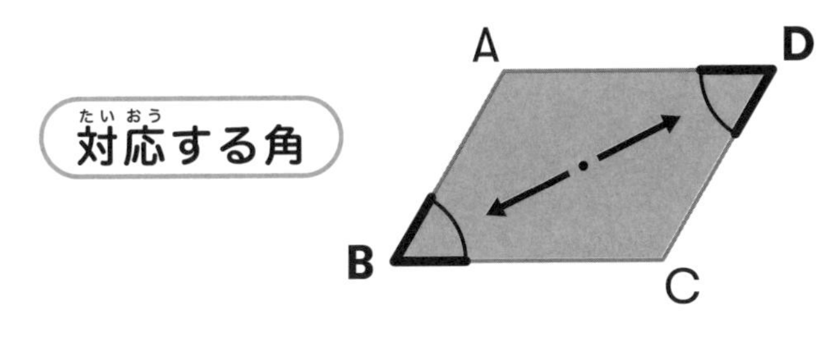

そして、角も対応します。例えば、角Bと角Dが重なります。このような重なる角のことを「対応する角」といいます。

点対称の図形は、対応する辺の長さと対応する角の大きさが等しくなります。

力だめし

問1 下の図形は、線対称かつ点対称の図形です。
この図形には、対称の軸が何本ありますか。

問2 下の図形には、線対称の図形と点対称の図形が混ざっています。
線対称の図形と点対称の図形に分けましょう。

①

②

③

④

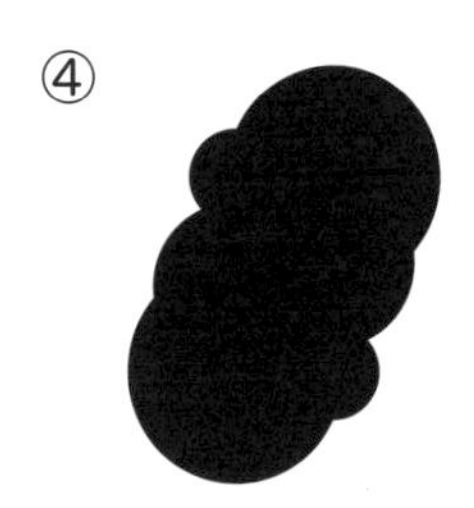

⑤

⑥

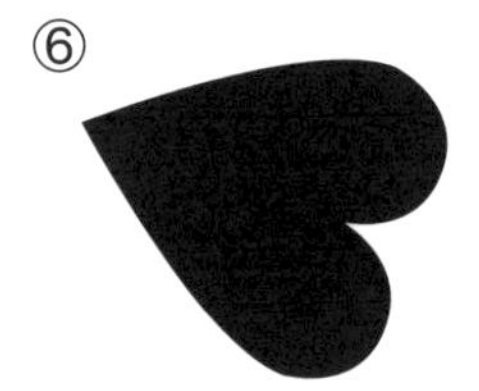

パズル

STEP かがみにうつるのは

ルール

❶ 下の図形は、鏡にうつるとどのように見えるでしょうか。

❷ ①〜④の中から、あてはまるものに丸をつけましょう。

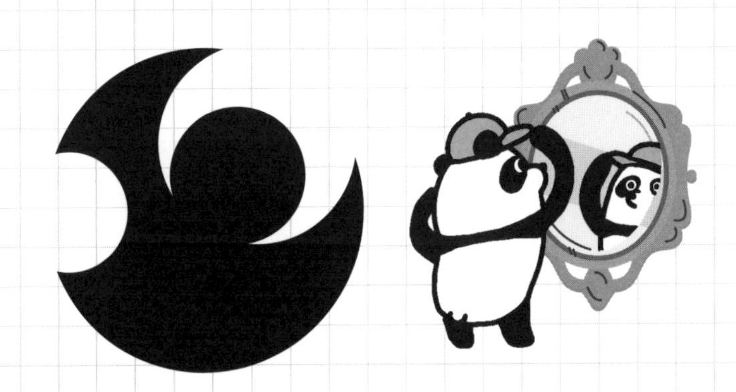

①

③

②

④

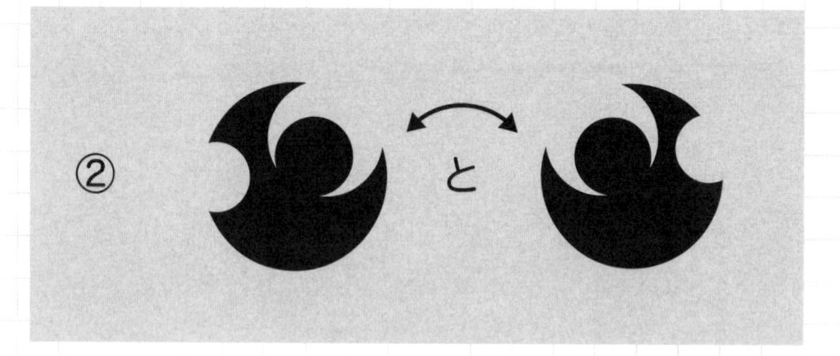
②
と

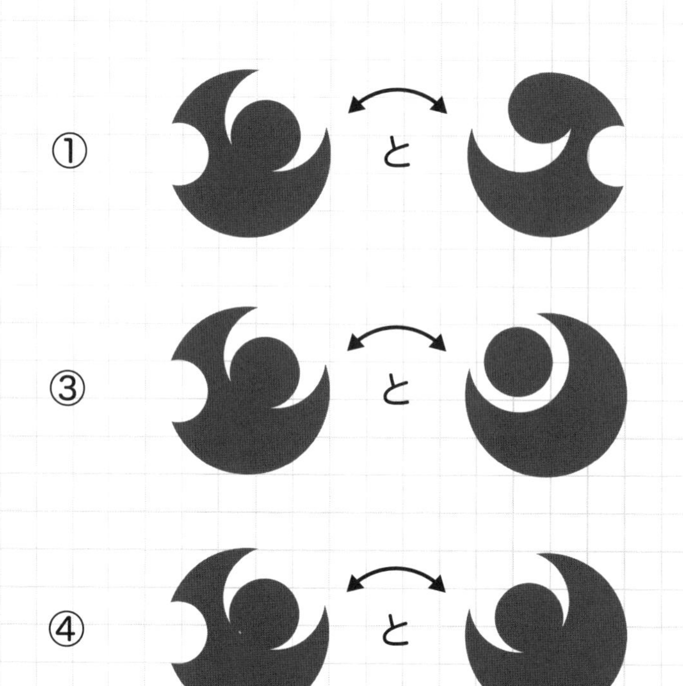
①
と
③
と
④
と

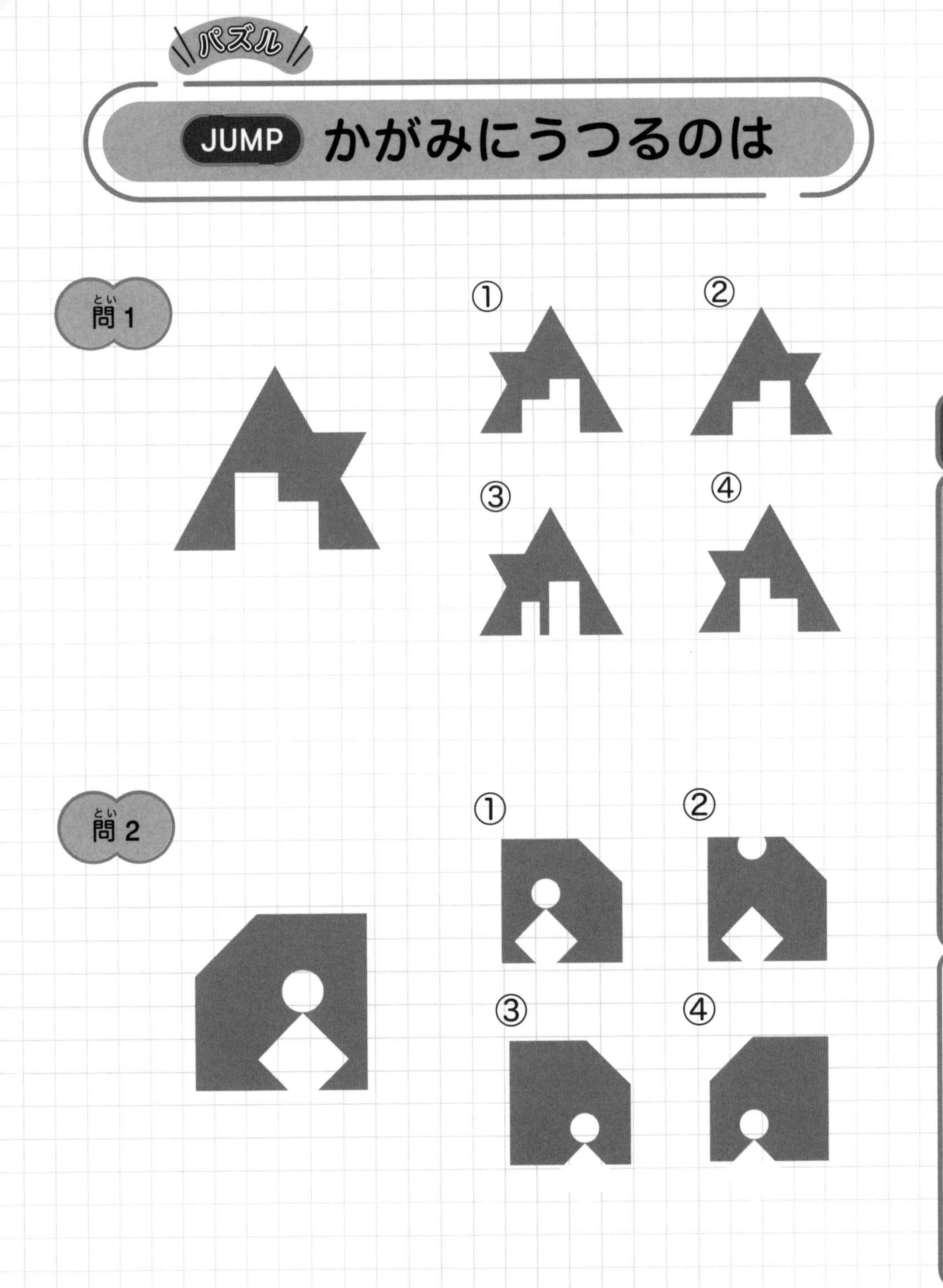
パズル
JUMP かがみにうつるのは
問1
①
②
③
④
問2
①
②
③
④

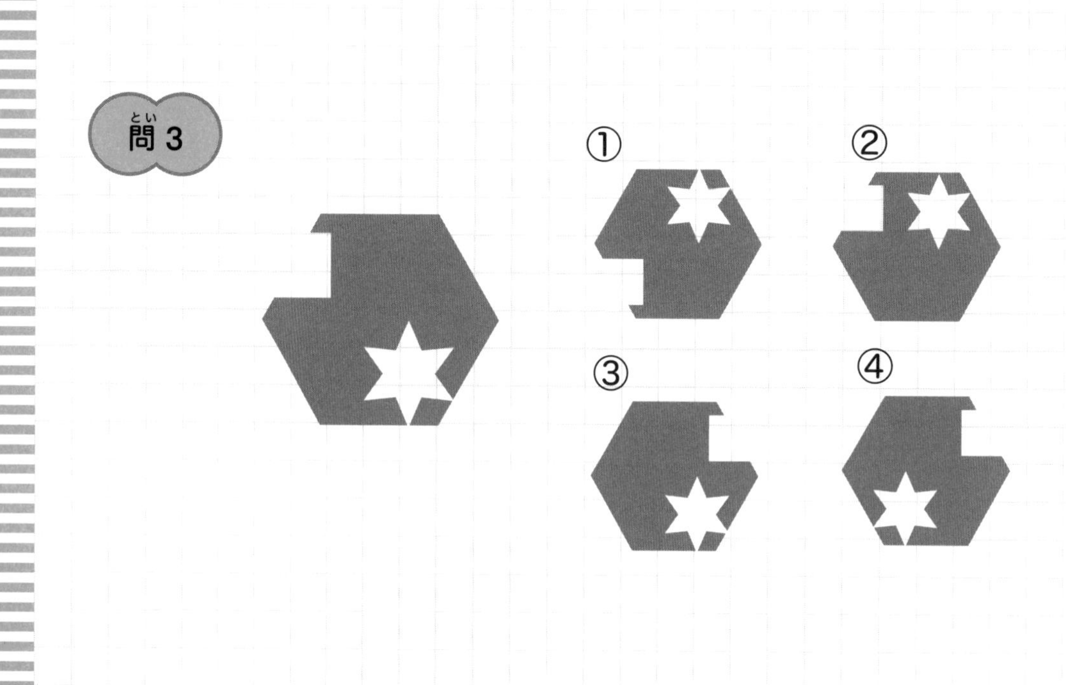
問3
①
②
③
④

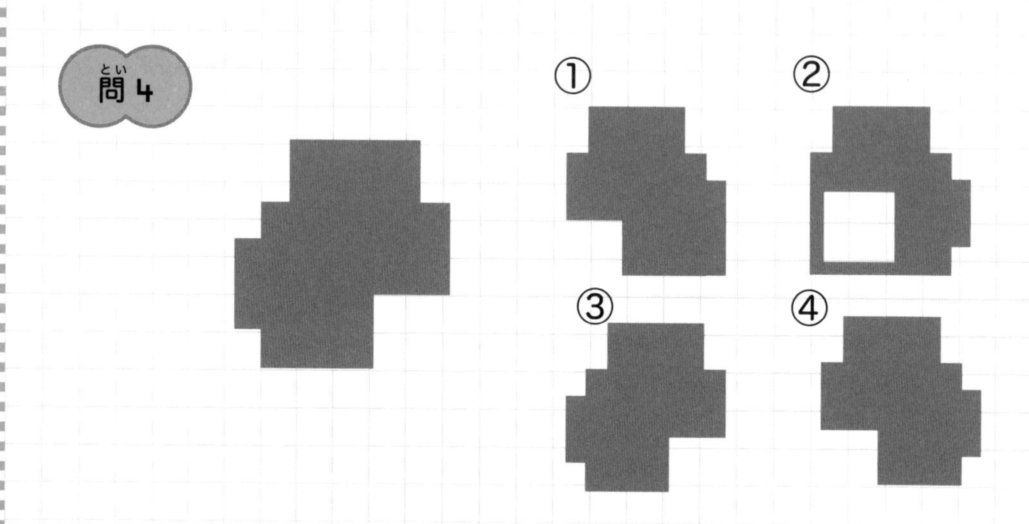
問4
①
②
③
④

パズル

STEP 数を回転させると…

ルール

❶ 下の数字は次の①～④のデジタル数字のうちどれかと、そのデジタル数字と点対称の数字をたしたものです。

❷ もとのデジタル数字を、①～④の中から選びましょう。

99

① 18

②

③ 59

④ 28

解答と解き方

99

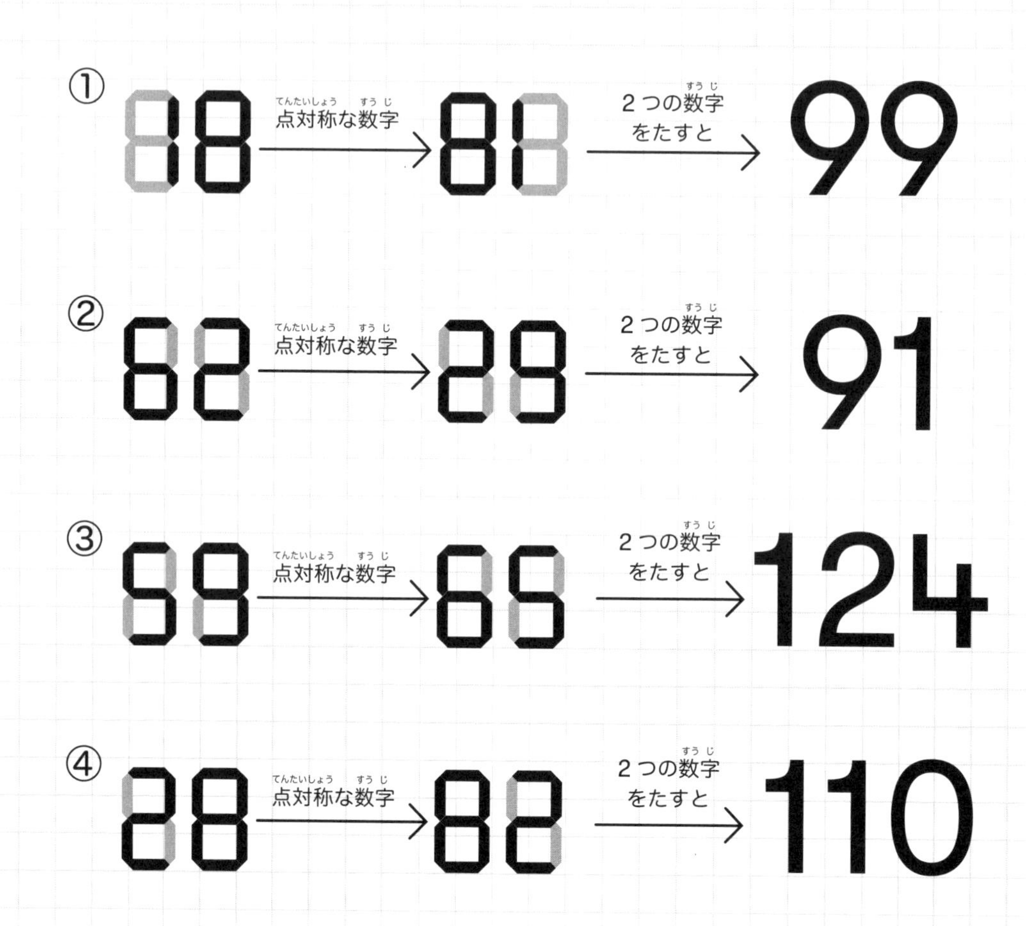

①
点対称な数字
2つの数字をたすと
99
②
点対称な数字
2つの数字をたすと
91
③
点対称な数字
2つの数字をたすと
124
④
点対称な数字
2つの数字をたすと
110

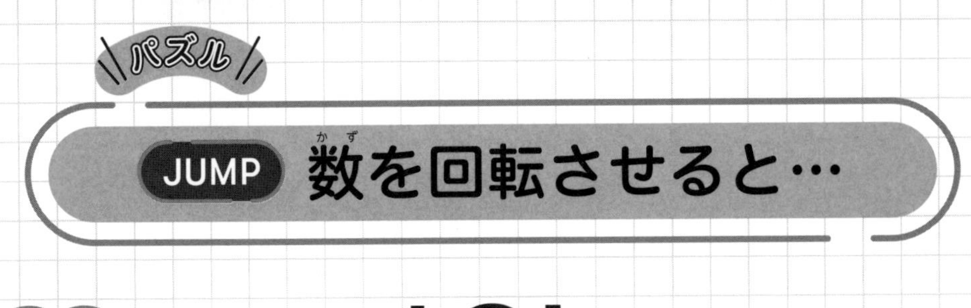

問1

124

①

②

③

④

問2

118

①

②

③

④

問3

80

①

②

③

④

問4

107

①

②

③

④

問(とい) 5

91

①

②

③

④

問(とい) 6

157

①

②

③

④

力だめし ＆ JUMPの解答

力だめし

問1　2本

問2

線対称な図形　①②⑥

点対称な図形　③④⑤

JUMP／かがみにうつるのは

問1　①

問2　①

問3　④

問4　④

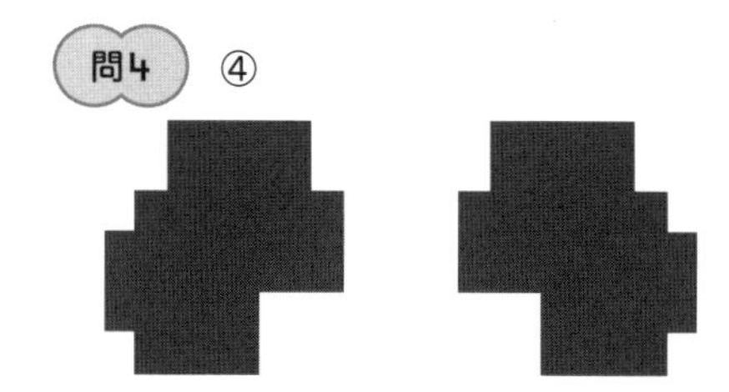

JUMP／数を回転させると…

問1　②

65 + 59 = 124

問2　②

92 + 26 = 118

問3　③

19 + 61 = 80

問4　④

16 + 91 = 107

問5　①

29 + 62 = 91

問6　③

89 + 68 = 157

ZZZ...

やみつき初段

天才証明書

おめでとう！

ここまでハマれたキミはすごい！

これからも、友だちや家族みんなで好きなだけ
パズルにやみついちゃってください。

やみつきバンザイ！

ほかのレベルもあるから
挑戦してみてね♪

田邉 亨（たなべ・とおる）

りんご塾代表
パズル作家

滋賀県彦根市生まれ。幼少よりさまざまな音楽に没頭。声楽家を目指し音大に入学するも、ボサノバとサンバにハマりブラジル行きを志し、3年次に中退。サンパウロでは日本人街の窮状にショックを受け、早々に渡米。その後、ニューヨーク市立大学とペンシルバニア州立大学でリベラルアーツを学ぶ。
留学中にニュートンの著作『自然哲学の数学的諸原理』と出合い、数学と算数の奥深さにハマったことがきっかけで帰国後の2000年、算数を通じて小学生の天才性を育むため地元彦根市に「算数オリンピック」「そろばん」「思考力」を柱とした学習教室「りんご塾」を設立。独自のパズルを用いたユニークな指導が人気となり、口コミで県外から通う生徒が出るほどの盛況となり、現在は全国に50教室以上を展開中。「難しいことを易しく、易しいことを深く、深いことを面白く」をモットーに、未就学児～小学校低学年に独自の教材で指導。特に小学生にとって最難関と言われる算数オリンピックにおいて、多くの金メダリストと入賞者を輩出し続けている。
全国ネット放送『ニノさん』など、多くのTV・ラジオに出演。『プレジデントファミリー』『AERA with Kids』『朝日小学生新聞』『集英社オンライン』など記事掲載多数。趣味はクラシック鑑賞（マーラー、シューベルト、プロコフィエフなど）。夢は「算数×パズル」で全国の子どもたちを天才にすること。著書に、15万部突破のベストセラーとなった『算数と国語の力がつく 天才!! ヒマつぶしドリル』（学研プラス）シリーズがある。
本書は、20年超にわたり算数の天才を育てる原動力となっている塾のオリジナル授業を書籍化したもの。

小学校6年間の算数をあそびながらマスター！
やみつき算数ドリル［やさしめ］

2023年10月5日　初版第1刷発行

著　者　田邉亨
発行者　小山隆之
発行所　株式会社実務教育出版
〒163-8671 東京都新宿区新宿 1-1-12
電話 03-3355-1812（編集） 03-3355-1951（販売）
振替 00160-0-78270

企画・編集　小谷俊介
装丁　渡邉民人（TYPEFACE）
装画・本文イラスト　寺崎愛
本文デザイン・DTP・図版制作　Isshiki

印刷・製本　図書印刷

ISBN978-4-7889-0971-7 C6037